beck’sche reihe

«Was macht die Zeit, wenn sie vergeht?» Diese Frage, die eine Kinderfrage sein könnte, stellte der große Physiker Albert Einstein dem großen Mathematiker Kurt Gödel auf ausgedehnten Spaziergängen in seinen letzten Jahren in Princeton. Für den Mathematiker Werner Kinnebrock war sie der Anlass, ein wunderbar verständliches Buch über ein faszinierendes Phänomen zu schreiben, mit dem sich seit jeher viele kluge Geister beschäftigt haben und für das die Wissenschaft heute eine Fülle erstaunlicher Erklärungen gibt. Denn hätten Sie gedacht, dass die Zeit mal schneller und mal langsamer laufen kann – und dass das keine subjektiven Eindrücke sind? Dass die Zeit in schwarzen Löchern sogar stehen bleibt? Hätten Sie gedacht, dass Lebewesen «innere Uhren» besitzen, die nichts mit dem Stand der Sonne, Helligkeit oder Dunkelheit zu tun haben? Dass die Definition der Maßeinheit Meter sich aus der Zeit herleitet? Ein Meter ist genau die Länge, die das Licht im 299 792 458ten Teil einer Sekunde zurücklegt. Das Buch beleuchtet das Phänomen Zeit aus der Perspektive der Physik, der Relativitätstheorie Einsteins, der Kosmologie und Biologie, scheut aber auch nicht zurück vor philosophischen Fragen im Zusammenhang mit der Zeit und mit sogenannten Nahtoderfahrungen, in denen Menschen alles in einem einzigen Augenblick gleichzeitig zu erleben scheinen, also gar keine Zeit vorhanden ist.

Werner Kinnebrock, geboren 1938, war bis zu seiner Pensionierung Professor für Mathematik. Er hat sich unter anderem mit Reaktormathematik und wissenschaftlicher Datenverarbeitung beschäftigt. Kinnebrock ist Autor zahlreicher Fach- und von drei populärwissenschaftlichen Büchern.

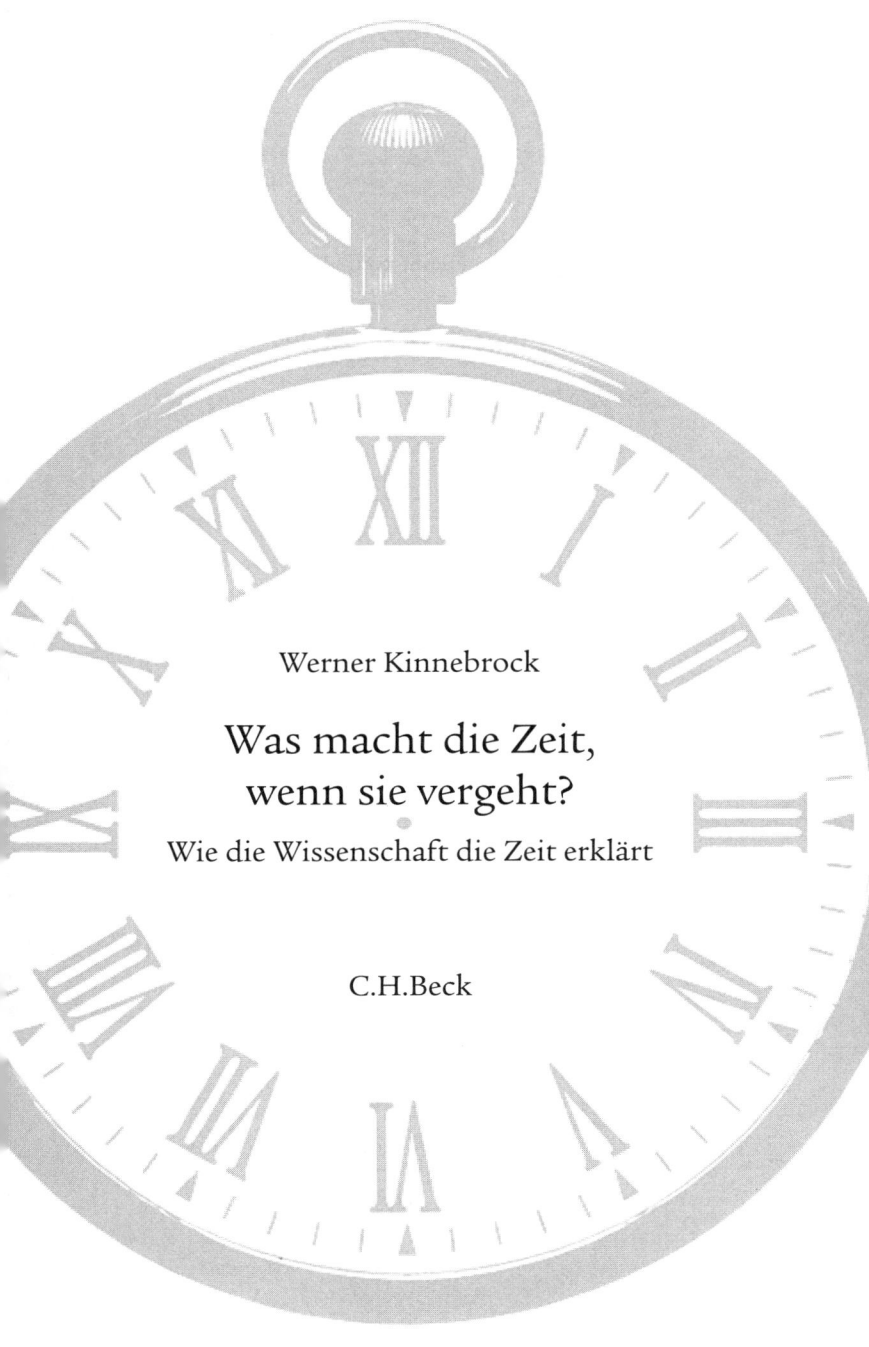

Werner Kinnebrock

Was macht die Zeit, wenn sie vergeht?

Wie die Wissenschaft die Zeit erklärt

C.H.Beck

Mit 4 Abbildungen und 2 Tabellen

Originalausgabe

2., durchgesehene Auflage. 2012
© Verlag C.H.Beck oHG, München 2012
Gesetzt aus der ITC Legacy Serif
Druck u. Bindung: GGP Media GmbH, Pößneck
Umschlagentwurf: Geviert – Büro für Kommunikationsdesign,
München, Christian Otto
Umschlagabbildung: © Geviert
Printed in Germany
ISBN 978 3 406 63042 2

www.beck.de

Inhalt

Einleitung   11

1. Das Phänomen «Zeit»   15
   Was ist Zeit?   15
   Ist die Zeit eindeutig?   19
   Zeit und Ewigkeit   22

2. Zeitmessung von der Antike bis heute   27
   Die Anfänge   27
   Der Gregorianische Kalender   30
   Jahreszahlen   31
   Zeitmessung und Zeitzonen   34
   Wie man seinen Geburtstag zweimal feiert   35
   Modernes Zeitmessen   37

3. Kann die Zeit rückwärts laufen?   43
   Ein Maß für die Zeitrichtung   43
   Kann also die Zeit rückwärts verlaufen?   44
   Was ist Entropie?   45
   Die Entropie nimmt im Weltall zu   47
   Evolution des Lebens: Widerspruch zur Entropie?   49

Tachyonen: Teilchen, die in die Vergangenheit fliegen? 50
Multiversen und rückwärts gerichtete Zeit? 52

4. Kann die Zeit langsamer verlaufen? 55

Zeit ist nicht gleich Zeit 55
Wir bewegen uns mit Lichtgeschwindigkeit 59
Wer reist, altert langsamer 61
Kann die Zeit stehen bleiben? 63
Eine Reise durch den Weltraum 64
Gravitation verlangsamt die Zeit 67
Gibt es Gleichzeitigkeit? 72
Bleibt die Kausalität erhalten? 74

5. Vergangenheit und Zukunft 81

Reisen in die Vergangenheit 82
Reisen in die Zukunft 83
Wurmlöcher 84
Zukunft und Determinismus 87
Das Ende des Determinismus 89
Zukunft und Religion 91

6. Zeit und Kosmos 95

Der euklidische Raum 95
Einsteins Raum-Zeit 96
Die gigantische Größe des Universums 97
Wie alt ist das Universum? 102
Hat die Zeit ein Ende? 104
Die ungeheuren Zufälle im Universum 106
Parallelwelten und Multiversen 107

7. Spukhafte Gleichzeitigkeit   111

Kartenzauber im Mikrokosmos   111
Kamelefanten im Zoo oder Die Unschärferelation   112
Verschränkte Teilchen   116
Ganzheit, Einheit, Gleichzeitigkeit   118
Gedanken zum Begriff Einheit   120
Ganzheit des Universums?   122

8. Ist die Zeit gequantelt?   127

Gibt es kleinste Zeiteinheiten?   127
Verläuft die Zeit in Sprüngen?   128
Wann begann die Zeit?   130
Spekulationen   132

9. Lebewesen messen die Zeit   135

Der Mensch besitzt eine biologische Uhr   135
Sitzt die biologische Uhr im Gehirn?   137
Auch Pflanzen besitzen Uhren   139
Das rätselhafte Zeitverhalten einiger Pflanzen und Tiere   140
Die ältesten Pflanzen, Tiere und Menschen   142

10. Nichtmessbare Zeiten   149

Die Zeit in Nahtoderlebnissen   149
Zeitlosigkeit   155
Nahtoderlebnisse und Wissenschaft   156

Literatur   159
Bildnachweis   160

Einleitung

Einleitung

Im Jahr 2005 stellte die Junge Akademie in Berlin die Preisfrage: «Wo bleibt die Zeit?» Sie erhielt mehr als 600 Antworten. Eine Viertklässlerin schrieb: «Die Zeit ist in den ganzen Sachen, die man gemacht hat.» Eine ältere Frau meinte: «Die Zeit bleibt in den Tiefen unserer Haut.»

Hätte die Frage gelautet: «Was ist die Zeit?», wären vermutlich nur Antworten eingegangen, die über den Versuch, die Zeit in ihren Auswirkungen zu beschreiben, nicht hinausgekommen wären. Denn was Zeit essentiell und wirklich ist, ist uns genauso unbekannt wie die Antwort auf die Frage, was Materie oder Energie letztlich sind. Wir kennen zwar deren Verhalten, können sie in ihrer Dynamik beschreiben und viele Formeln aufstellen, aber die letzte Frage nach Wesen und Herkunft bleibt offen.

Das Universum lässt sich mit einem Uhrwerk vergleichen, das zu Beginn aufgezogen wurde. Seitdem läuft es unaufhörlich ab; irgendwann wird es abgelaufen sein und das Universum wird sich in der Unendlichkeit des Raumes auflösen. Dieser Prozess des Ablaufens des Uhrwerks ist unumkehrbar. Die Temperatur des Universums sinkt, die Entropie steigt und die Zeit schreitet unaufhörlich voran. Die Evolution des Lebens ist nur eine kurze Begebenheit in diesem Abwärtstrend des Universums. Wie und warum das Uhrwerk zu Beginn aufgezogen wurde, kann zurzeit von der Wissenschaft nicht befriedigend beantwortet werden.

Trotzdem gelang es, einige Facetten im Zeitverhalten zu analysieren. So kann die Zeit schneller oder langsamer laufen und in schwarzen Löchern sogar stehen bleiben. Zeitreisen in die Zukunft sind möglich. Für Photonen, die kleinsten Lichtteilchen, gibt es keine Zeit. Was für die eine Person gleichzeitig geschieht, kann für eine andere Person nacheinander geschehen. All diese Merkwürdigkeiten ergeben sich aus der Relativitätstheorie Albert Einsteins.

Wann begann die Zeit? Gibt es kleinste Zeiteinheiten und verläuft die Zeit in Sprüngen? Hierauf versuchen Kosmologen und Quantenphysiker eine Antwort zu geben.

Tiere und Pflanzen leben in Rhythmen, die der Zeit unterworfen sind. Es ist nachgewiesen, dass viele Tiere und Pflanzen eine innere Uhr besitzen und sich daher in ihrem Zeitverhalten nicht nach Sonnenstand oder Temperatur richten müssen. Wie diese innere Uhr, die auch der Mensch besitzt, funktioniert, ist Gegenstand der Forschung.

Die Wahrnehmung der Zeit durch den Menschen ist subjektiv und führt zur Einteilung in Vergangenheit, Gegenwart und Zukunft. Philosophen von Platon über Augustinus bis hin zu Kant versuchten, die Zeit als Voraussetzung für Leben und Erkenntnis darzustellen. Eine besondere und ungewöhnliche Wahrnehmung der Zeit schildern reanimierte Patienten mit Nahtoderfahrung. Niederländische Wissenschaftler, die Nahtoderlebnisse erforschten, schrieben in der renommierten medizinischen Fachzeitschrift *The Lancet*, dass es zurzeit keine wissenschaftlich-medizinischen Erklärungen für diese Phänomene gibt.

Über all diese Facetten des Phänomens Zeit berichtet dieses Buch.

Erstes Kapitel

1. Das Phänomen «Zeit»

*Was also ist die Zeit? Wenn niemand mich fragt,
weiß ich es; wenn ich es aber einem Fragenden
erklären soll, weiß ich es nicht.*
Augustinus, Bekenntnisse XI,14

Was ist Zeit?

Wenn wir fragen, was ein Haus oder ein Baum ist, können wir diese Objekte ziemlich genau beschreiben. Fragen wir aber, was die Zeit ist, dann fällt uns die Antwort schwer. Im Grunde weiß niemand, was «Zeit» ist. Wir können lediglich die Zeit in ihren Auswirkungen beschreiben, sie physikalisch interpretieren, sie messen und zeitabhängige Begriffe wie Vergangenheit, Gegenwart und Zukunft betrachten. Viele Fragen bleiben: Hat die Zeit einen Anfang? Wird sie eines Tages enden? Kann man sie verlangsamen, kann sie rückwärts verlaufen?

Wir können zudem untersuchen, wie die Menschen mit der Zeit umgehen. Wie verteilen sie Arbeitszeit, Ruhezeit, Zeit zur Muße usw.? Man kann Zeit schenken und jemandem die Zeit stehlen. In Michael Endes Kinderbuch-Klassiker *Momo* versuchen die Grauen Männer, den Menschen die Zeit zu stehlen. Es sind Herren von der «Zeitsparkasse», die die Menschen überreden wollen, so viel Zeit wie möglich für später anzusparen. Die Menschen, die ihre Zeit auf die Bank bringen, um sie zu sparen, haben fortan keine Zeit mehr für schöne Dinge wie spazieren gehen, sich unterhalten oder Musik hören. Ihre Zeit, die in Michael Endes Buch die Form von Blumen hat, vertrocknet und wird von den Grauen Herren zu Zigarren gerollt, die sie rauchen.

Die meisten von uns leben in der Vorstellung, dass die Vergangenheit abzuarbeiten und die Zukunft zu planen seien. Dabei spielt die Gegenwart kaum eine Rolle. Sie dient zur Optimierung der Zukunft, und so hetzen wir durchs Leben in dem Glauben, dass unsere Erfüllung in der Zukunft liegt. Alles muss planbar sein, nichts darf außer Kontrolle geraten. Zeit ist Geld. Dass das Leben aber nicht bis ins Letzte planbar ist, ist die untergründige Angst vieler Zeitgenossen.

Schon Goethe äußerte sich dazu, als er sagte: *«Für das größte Unheil unserer Zeit, die nichts reif werden lässt, muss ich halten, dass man im nächsten Augenblick den vorhergehenden verspeist, den Tag im Tag vertut, und so immer aus der Hand in den Mund lebt, ohne irgendetwas vor sich zu bringen.»*

Dieser Ausspruch von Goethe bezieht sich auf die menschliche Hektik im Umgang mit der Zeit. Goethe prägte das Wort «veloziferisch» für diesen unheilvollen Trend; es ist zusammengesetzt aus dem lateinischen «velocitas» (Geschwindigkeit) und «luziferisch» (teuflisch). Der Mensch lebt gegen seine innere Uhr und macht sich zum Sklaven eines übergeordneten Zeitplans; dies führt nach Goethe oft zu «veloziferischer» Rücksichtslosigkeit gegen sich selbst und gegen andere. «Die Eile hat der Teufel erfunden», sagt ein türkisches Sprichwort. Es ist bezeichnend, dass das Wort «pünktlich» zur Zeit Goethes entstand.

Dass der wirkliche Lebensgenuss oft nur in der Gegenwart

zu finden ist, indem man Vergangenheit und Zukunft ausblendet, wussten bereits die alten Römer, als sie den Begriff Muße (otium) einführten. Sind meine Gedanken auf die Vergangenheit gerichtet, verlasse ich die Gegenwart; liegen sie in der Zukunft, plane ich und werde schnell verführt, die Gegenwart zu vergessen, um zukünftige Erlebnisse vorzubereiten. Die Gegenwart mit ihren Gelegenheiten und möglichen Genüssen nehme ich dabei gar nicht mehr wahr. Die Zeit der Muße verbrachten die Römer zwecklos, aber höchst bereichernd. Sie war der Höhepunkt im Ablauf der Zeit. Befreit vom Korsett der Zweckgerichtetheit entstanden neue Blickwinkel, neue Erfahrungen und Zufriedenheit. Man kann dies auch heute noch in südlichen Ländern beobachten, wenn Menschen in Straßencafés sitzen und die Umgebung beobachten, sich in Gespräche vertiefen oder einfach nur vor sich hin dösen und ihren Gedanken nachgehen.

Am intensivsten erleben Kinder die Gegenwart, für sie ist alles «jetzt», wenn sie sich in Spiele vertiefen oder spannenden Geschichten lauschen.

Wie würde eine Welt aussehen, die ohne Zeit auskommt? Es wäre vielleicht das, was die Religionen «Ewigkeit» nennen oder die ununterbrochene Gegenwart.

Die monotheistischen Religionen glauben an einen allmächtigen Gott, der außerhalb von Raum und Zeit steht und sowohl die Vergangenheit als auch die Zukunft kennt. Er ist allgegenwärtig (unabhängig vom Raum) und ewig (unabhängig von der Zeit), der Schöpfer des Universums, des Lebens und der Zeit. Er ist zudem allwissend in dem Sinne, dass er nicht wie wir über räumlich und zeitlich partielles Wissen verfügt, sondern in einer Art Ganzheit alles übersieht. Eine solche Beschreibung Gottes steht nicht im Widerspruch zu den Naturgesetzen.

Wie schnell vergeht die Zeit? Fragen wir ein Kind, das auf seine Geburtstagstorte wartet, wird es die Zeit als zu langsam vergehend empfinden. Wird dagegen die Torte serviert und alle Freunde und Freundinnen sind anwesend, vergeht die Zeit im Nu.

Je nach Situation empfinden wir die Zeit als schnell oder langsam verlaufend. Für ein vierjähriges Kind ist ein Jahr ein Viertel seines Lebens und mithin eine lange Zeitspanne. Für einen Siebzigjährigen hingegen ist ein Jahr nur kurz.

Packt uns die Langeweile, will die Zeit nicht vergehen. Erleben wir interessante Dinge, vergeht sie zu schnell.

Was also ist die Zeit? Durch die Zeit entstehen Vergangenheit, Gegenwart und Zukunft. Wir erleben sie subjektiv als schnell oder langsam vergehend. Mit Uhren können wir sie objektivieren, messbar machen und auf diese Weise physikalisch untersuchen. Aber all das sind Beschreibungen innerhalb der Zeit. Was die Zeit hingegen essentiell ist, welchen Gehalt sie hat, woher sie kommt und wohin sie geht, bleibt geheimnisvoll.

«Was macht die Zeit, wenn sie vergeht?» Diese Frage soll Albert Einstein dem österreichischen Mathematiker Kurt Gödel gestellt haben, als beide nach ihrer Emigration in Princeton lebten und lehrten. Gödel hatte den Beweis erbracht, dass es in der Mathematik Aussagen gibt, die prinzipiell weder beweisbar noch widerlegbar sind. Sollte die Antwort auf die Frage Einsteins genauso im Dunkeln liegen?

Ist die Zeit eindeutig?

Wir gehen davon aus, dass die Zeit voranschreitet. In diesem Bild fließt die Zeit an uns vorbei, nicht wir bewegen uns, sie bewegt sich. Wir stehen zwischen Vergangenheit und Zukunft und erleben die Gegenwart.

Diesen Sachverhalt kann man auch aus einer anderen Perspektive betrachten: Nicht die Zeit bewegt sich, sondern wir bewegen uns durch die Zeit in einer vierdimensionalen Welt, in der alle zukünftigen und vergangenen Ereignisse fest vorgegeben sind, wir bewegen uns an diesen Ereignissen gewissermaßen vorbei. Zum Beispiel macht es keinen Unterschied, ob ich sage, dass wir uns Weihnachten nähern oder dass Weihnachten auf uns zukommt.

Stellen Sie sich vor, Sie sitzen in einem Zug, der an einem Bahnhof hält. Fährt der Zug auf dem benachbarten Gleis an, wissen Sie vorübergehend nicht, ob sich der Nachbarzug bewegt oder Ihr eigener. So verhält es sich mit der Zeit.

Ist die Zeit nur subjektives Empfinden? Auf den ersten Blick ja. Aber bei genauerem Hinsehen haben wir das Gefühl, als gebe es eine objektive universelle Zeit, die unerbittlich mit ewig gleicher Geschwindigkeit abläuft.

Das war die Vorstellung von Isaac Newton, dem großen Physiker, Mathematiker, Astronomen, Alchemisten und Philosophen, der in England von 1643 bis 1727 lebte. Newton schreibt: *«Die absolute, wahre und mathematische Zeit verfließt an sich und vermöge ihrer Natur gleichförmig und ohne Beziehung auf irgendeinen äußeren Gegenstand.»* Nach dieser Vorstellung gilt für alle Punkte und Sterne im Weltall die gleiche verbindliche Zeit. Es ist, als ob irgendwo im Weltall eine globale große Uhr ticken und eine überall gültige Zeit vorgeben würde. Die von Newton begründete Physik von Raum und Zeit galt bis ins letzte Jahrhundert. Genauso wie die Zeit ist auch der Raum absolut, überall gleich in seinen Ausmaßen, unabhängig vom Standpunkt eines Vermessers.

Albert Einstein war es, der 1905 durch seine Relativitätstheorie diese Denkweise gehörig durcheinanderbrachte. Er zeigte, dass es verschiedene Zeiten geben kann. Während die Zeit etwa auf dem einen Stern langsam verläuft, kann sie auf einem anderen erheblich schneller vergehen. Was bei uns auf der Erde gleichzeitig geschieht, kann für einen Astronauten, der an der Erde vorüberfliegt, nacheinander passieren. Gleichzeitig ist nicht unbedingt gleichzeitig. Die Zeit ist relativ (daher der Name Relativitätstheorie).

Zunächst konnte Einstein zeigen, dass die Zeit abhängig ist von der Bewegung der Uhr. Wenn Sie sich sehr schnell bewegen, geht Ihre Armbanduhr langsamer. Je schneller Sie werden, desto langsamer vergeht für Sie die Zeit. Allerdings ist der Unterschied bei unseren gewohnten Geschwindigkeiten so gering, dass er so gut wie nicht messbar ist. Würden Sie allerdings in einer Rakete mit etwa der halben Lichtgeschwindigkeit durch den Weltraum fliegen, wäre der Zeitunterschied erheblich. Nicht nur die Zeit, sondern alle physiologischen Vorgänge im Körper dieses Astronauten vergingen langsamer, er würde langsamer altern als seine Kollegen auf der Erde. Würden wir auf etwas weniger als Lichtgeschwindigkeit beschleunigen (was zwar im Grunde nicht möglich ist, aber das soll uns hier nicht bekümmern; vgl. Kapitel 4), bliebe die Uhr fast stehen. Ein Astronaut, der beinahe mit Lichtgeschwindigkeit durch den Weltraum flöge, würde so langsam altern, dass er bei seiner Rückkehr zur Erde jünger wäre als sein eigener Sohn. Für ein Lichtteilchen (Photon), das mit Lichtgeschwindigkeit fliegt, bleibt die Zeit tatsächlich stehen, für dieses Teilchen gibt es keine Zeit.

Was Albert Einstein Anfang des 20. Jahrhunderts in seiner Speziellen Relativitätstheorie beschrieb und darstellte, war die Abhängigkeit der Zeit von der Bewegung.

1916 erweiterte Albert Einstein seine Ideen zur «Allgemeinen Relativitätstheorie». Er stellte die These auf, dass die Anziehungskraft der Erde, des Mondes und der Sterne die Zeit ähnlich wie Bewegungen verlangsamt. Später wurde diese These experimentell bestätigt.

So verläuft die Zeit auf einem hohen Berg schneller als im Tal, da im Tal die Anziehung (Gravitation) der Erde größer ist. Je größer die Anziehungskraft, desto langsamer verläuft die Zeit. Wenn Sie im obersten Stockwerk eines Hochhauses leben, altern Sie schneller (d. h., die Zeit vergeht schneller), als wenn Sie im untersten Stock leben würden. Allerdings sei zum Trost für Hochhausbewohner gesagt, dass wegen der geringen Differenz der Gravitation zwischen unten und oben die entstehende Zeitdifferenz in der Dauer eines menschlichen Lebens weniger als eine Sekunde beträgt.

Könnten wir zur Sonne fliegen, so würde die Zeit umso langsamer verlaufen, je mehr wir uns der Sonne nähern. Würden wir einen Stern ansteuern, der das Vielfache der Sonnenmasse besitzt, würde die Zeitdifferenz messbar. Die massereichsten Objekte im Weltraum sind die schwarzen Löcher. Sie besitzen eine so starke Gravitation, dass die Zeit eines Astronauten in deren Nähe so langsam verläuft, dass die Uhr fast stehen bleibt. Erreicht er den Rand des schwarzen Loches, bleibt die Zeit tatsächlich stehen.

Aus der Relativitätstheorie von Albert Einstein ergibt sich also die Aussage, dass die Zeit nicht universell verläuft, wie es Newton noch annahm. Sie kann unterschiedlich schnell oder langsam vergehen und sogar stehen bleiben. Wir werden uns in den folgenden Kapiteln damit beschäftigen.

Zeit und Ewigkeit

Die Physik lehrt, dass es keine absolute Zeit gibt. Es existiert also keine Superuhr irgendwo im Kosmos, nach der sich alles ausrichtet. Die Zeit wird subjektiv erlebt. Wir haben gar kein Recht zu der Annahme, dass Zeit und Raum objektive Eigenschaften unserer Welt seien.

Wie würde eine Welt aussehen, die ohne Zeit auskommt? Es wäre die totale Zeitlosigkeit. Ist es das, was die Religionen «Ewigkeit» nennen?

Gibt es Systeme oder Beschaffenheiten ohne Zeit? Wir wissen, dass in den schwarzen Löchern des Universums die Zeit stehen bleibt, also gar keine Zeit existiert. Auch Photonen «rasen» ohne Zeit und Uhr durchs Universum.

Obwohl wir das alles wissen, ist es fraglich, ob wir die Frage nach der Zeitlosigkeit restlos beantworten können, denn all unser Denken und unsere Vorstellungen sind zeitabhängig und ohne Zeit gar nicht möglich. Bereits 1781 erkannte der Königsberger Philosoph Immanuel Kant, dass Zeit und Raum Voraussetzungen *a priori*, das heißt vor aller Erfahrung, für unsere Denkfähigkeit sind. Ohne Zeit kein Denken.

Wir sind nicht imstande, Systeme ohne Zeit zu beschreiben. Doch wir können wenigstens eine Art Negativbeschreibung wagen, bei der Aussagen entstehen, wie ein Leben in der Zeitlosigkeit nicht sein kann. Allerdings müssen wir uns darüber im Klaren sein, dass wir auf diese Weise in einen spekulativen Bereich geraten.

Würden wir in einem System ohne Zeit leben, könnten wir unser Wissen nicht vervollständigen, denn «Lernen» ist ein zeitabhängiger Vorgang. Möglicherweise würden wir bereits alles wissen. Aber selbst «Wissen» ist in diesem Zusammenhang ein fragwürdiger Begriff; denn «Wissen» bedeutet ja letztlich «Abspeichern», um das Gespeicherte für spätere Gelegenheiten zur Verfügung zu haben. Das Wörtchen «später» gibt es aber in der Zeitlosigkeit nicht. Also würden wir nicht alles wissen, sondern unmittelbar schauen. Wir würden alle Zusammenhänge sehen und verstehen. Paulus, einer der ersten christlichen Missionare, bemerkt hierzu: *«Hier sehen wir durch einen Spiegel nur Rätselhaftes, dann aber von Angesicht zu Angesicht»* (1. Kor. 13,12). Es wäre einfach ein «Sein» ohne Veränderung, in der totalen Einheit (Verstehen) mit allem.

Auch würde es weder Zukunft noch Vergangenheit geben, denn beide sind zeitabhängig. Alles ist jetzt: Die mittelalterlichen Philosophen betrachteten diesen Zustand als das «stehende Jetzt». T. S. Eliot bemerkt hierzu: *«... and all is always now ... und alles ist jetzt.»* Und Ludwig Wittgenstein schreibt: *«Wenn man unter Ewigkeit nicht unendliche Zeitdauer versteht, sondern Unzeitlichkeit, dann lebt der ewig, der in der Gegenwart lebt.»*

Zweites Kapitel

2. Zeitmessung von der Antike bis heute

Die Zeit ist die formale
Bedingung a priori aller
Erscheinungen überhaupt.
Immanuel Kant

Menschliche Gesellschaften sind auf eine Übereinkunft über den Stand der Zeit angewiesen. Dies drückt sich im Messen der Zeit aus, zum einen bei der Tageszeit (Uhr), zum anderen im Zählen der Tage (Kalender). Tageszeit und Kalender sind die Koordinaten, innerhalb derer menschliche Gemeinschaft funktioniert.

Die Anfänge

Die älteste Form der Zeitmessung ist die der Sonnenuhr, die bereits 5000 Jahre vor unserer Zeit im alten Ägypten benutzt wurde. Eine sechs Meter hohe Steinsäule warf einen Schatten, an dem man die Zeit ablesen konnte. Durch die unterschiedliche Höhe und Himmelsrichtung der Sonne konnte man sowohl an der Richtung als auch an der Länge des Schattens die

Tageszeit ablesen. Oft wurde aus der Länge des eigenen Schattens die Tageszeit ermittelt. Dazu musste man sich lediglich die Länge des eigenen Schattens merken und mit der Fußspanne abmessen. Kleinere Leute haben natürlich einen kürzeren Schatten, aber da ihre Fußlänge ebenfalls kürzer ist, ergab sich ungefähr der gleiche Wert, egal ob groß oder klein.

Durch die Erfindung der Wasseruhr wurde es möglich, Zeitlängen auch dann zu messen, wenn keine Sonne am Himmel stand oder wenn man sich innerhalb von Räumen befand. Durch ein kleines Loch im Boden eines Gefäßes floss Wasser in einen zweiten Behälter. Im ersten Behälter ließ sich anhand des Wasserstandes die Zeit ablesen. Die Römer nutzten diese Art der Zeitmessung, um die Redezeit im Senat oder bei Gerichtsverhandlungen zu begrenzen. Tacitus nannte diese Uhren «Zügel der Beredsamkeit».

Die «Zügel der Beredsamkeit» wurden von korrupten Anwälten oft in der Art verfälscht, dass sie die Gerichtsdiener bestachen, die Uhren mit schlammigem Wasser zu füllen. Dadurch wurden die Einflussöffnungen verstopft und die Redezeit länger.

Neben Wasseruhren waren in der Antike auch Öluhren im Gebrauch. Eine Öllampe wurde angezündet und am Ölstand des Ölbehälters ließ sich dann die Zeit ablesen.

Irgendwann versuchte man, neben der Tageszeit auch die Jahreszeit zu messen. Die Ersten, die einen Kalender erstellten, waren nach unserer Kenntnis die Sumerer um 3000 v. Chr. in Mesopotamien. Sie hatten bereits ein funktionierendes Verwaltungssystem und eine Schrift. Die jährlichen Tätigkeiten wie Aussaat, Ernte, Vorratsansammlung usw. erforderten die Einführung eines Kalenders. Sie teilten daher das Jahr in 12 Monate zu je 30 Tagen ein. Da das astronomische Jahr – also eine Umrundung der Erde um die Sonne – 365,25 Tage

Die Anfänge

dauert, mussten hin und wieder Korrekturen gemacht werden, ähnlich unseren Schaltjahren.

Die alten Ägypter der vorchristlichen Zeit bestimmten das Sonnenjahr dann zu 365 Tagen und unterteilten es in 12 Monate. Jeder Monat hatte drei «Wochen» zu je zehn Tagen, mit fünf Zusatztagen am Jahresende.

Der römische Kalender war ursprünglich von den Griechen übernommen worden. Dieser war ein Mondkalender. Bei einem Mondkalender ist das Jahr in gleiche Perioden eingeteilt, wobei eine Periode die Zeit zwischen zwei gleichen Mondphasen (z.B. Vollmond) ist. Da die gleiche Mondphase wieder nach 29,53 Tagen eintritt, werden in diesen lunaren Kalendern die Monate abwechselnd mit 29 und 30 Tagen festgesetzt. In unregelmäßigen Abständen wurde der Mondkalender an den Sonnenkalender angepasst.

Die Grundstruktur unseres heutigen Kalenders geht auf Gaius Julius Caesar (100–44 v. Chr.) zurück. Im Jahr 46 v. Chr. führte dieser einen neuen Kalender ein, der besser an den Sonnenstand angepasst sein sollte. Caesar zu Ehren wird dieser bis ins 16. Jahrhundert gültige Kalender «Julianischer Kalender» genannt. Um die Anpassung an den Sonnenstand zu bewerkstelligen, wurde das Jahr 46 v. Chr. auf 445 Tage verlängert (15 Monate). Ab 45 v. Chr. bestand der Kalender dann – wie noch heute üblich – aus 12 Monaten mit abwechselnd 30 und 31 Tagen. Der Februar (Februarius) hatte gewöhnlich 30 Tage, alle vier Jahre reduzierte er sich aber auf 29 Tage. Damit war das Jahr 365,25 Tage lang, solange es sich nicht um ein Schaltjahr handelte. Die Monatsbezeichnung Juli geht übrigens ebenfalls auf den Vornamen von Julius Caesar zurück. Später, unter Kaiser Augustus, wurde auch der Monat Sextilis zu dessen Ehren in Augustus umbenannt. Gleichzeitig wurde dem Februar ein Tag genommen, der dem Monat August zugeführt wurde, so dass jetzt der Februar 29 bzw. 28 und der August 31 Tage hatte.

Der Gregorianische Kalender

Der Julianische Kalender basierte auf der Annahme, dass ein Jahr 365,25 Tage lang ist. Um 1550 ergaben genauere Messungen durch Auswertung von Planetentafeln, dass ein Jahr 365,2425 Tage umfasst. Der Frühlingsanfang, der auf dem Konzil von Nicäa im Jahr 325 auf den 21. März gelegt worden war, hatte sich durch diese Ungenauigkeit bis 1550 um zehn Tage verschoben. Eine Korrektur erwies sich als notwendig.

1582 führte Papst Gregor XIII. nach langen Beratungen mit Fachgelehrten den nach ihm benannten und noch heute gültigen Gregorianischen Kalender ein. Damals folgte auf den 4. Oktober sogleich der 15. Oktober 1582. Neben den Schaltjahren, wie sie heute noch gültig sind, wurden von den Säkularjahren 1600, 1700 usw. nur diejenigen als Schaltjahre anerkannt, deren erste beiden Ziffern durch vier teilbar sind. So war zum Beispiel 1900 kein Schaltjahr.

Mit dieser Korrektur ist das Kalenderjahr ziemlich exakt dem Sonnenjahr, also der Umrundung der Erde um die Sonne, angepasst. Allerdings nicht ganz. In 3333 Jahren wird das Kalenderjahr dem Sonnenjahr um einen Tag voraus sein, also wäre dann ein weiteres Schaltjahr notwendig.

Es gibt noch einen Effekt, der den Kalender langfristig verfälscht: Die Erde verliert auf ihrer Bahn um die Sonne an Geschwindigkeit, daher werden die Jahre immer länger. Allerdings ist die Zeit, die jedes Sonnenjahr länger dauert als das vorhergehende, vernachlässigbar klein, nämlich etwa 10 Sekunden. In hundert Jahren sind das 1,6 Stunden; zur Zeit von

Christi Geburt war das Jahr etwa 5,5 Stunden länger als heute. Eine Kalenderreform, die dies berücksichtigt, müsste also in 8600 Jahren stattfinden, wenn das Jahr einen Tag länger dauert. Man müsste dann einen zusätzlichen Tag einbauen, etwa einen 31. November, damit die Jahreszeiten sich nicht verschieben und eines Tages Weihnachten in den Sommer fällt.

Der Gregorianische Kalender wurde von den katholischen Ländern sofort übernommen. Die evangelischen Länder hielten zunächst am alten Kalender fest. 1699 beschlossen allerdings die evangelischen Reichsstände, ab 1700 einen «verbesserten Kalender» einzuführen, der nahezu mit dem Gregorianischen übereinstimmte. Friedrich der Große verordnete schließlich 1775 die volle Übernahme des Gregorianischen Kalenders, der dann als «Allgemeiner Reichskalender» bezeichnet wurde. In Russland wurde der neue Kalender erst 1700 nach einem Edikt von Peter dem Großen eingeführt. Die Französische Revolution und die russische Oktoberrevolution von 1917 führten vorübergehend radikal geänderte Kalender ein. Im Februar 1918 hat dann aber die Sowjetunion den Gregorianischen Kalender erneut übernommen.

Jahreszahlen

Im alten Rom zählte man die Jahre nach der Gründung Roms, die nach unserer Zeitrechnung 754 v. Chr. erfolgte. Später ging man auch dazu über, die Jahre nach der Regierungszeit von Konsuln zu benennen, so ab dem dritten Jahrhundert nach dem Kaiser Diocletian.

Im Jahr 525 n. Chr. erhielt der römische Abt Dionysius Exiguus von Papst Johannes I. den Auftrag, den genauen Ostertermin des Jahres 526 festzustellen. Dazu orientierte er sei-

Abbildung 1: Die Diskussion der Kalenderreform 1582 unter Papst Gregor XIII., dargestellt auf einer Wandtäfelung im Archivio di Stato, Siena, Französische Schule, 16. Jahrhundert.

nen Osterkalender am Datum der Geburt Christi, welches er anhand der ihm bekannten historischen Daten zurückrechnete. Er fand das Jahr 754 nach römischer Zeitrechnung, also 754 Jahre nach der Gründung Roms, und machte dieses Jahr kurzerhand zum Jahr 1 der neuen Zeitrechnung. Die heutige Zeitrechnung in Jahreszahlen war geboren.

Zur Begründung der Ablehnung des diocletianischen Kalenders schrieb Dionysius: «*Wir wollen nicht unsere Zyklen mit dem Andenken dieses ruchlosen Verfolgers (Diocletian) verbinden, sondern haben es vorgezogen, von der Fleischwerdung unseres Herrn Jesus Christus an die Jahresläufe zu bezeichnen.*» In der Regierungszeit Diocletians kam es zu massiven Christenverfolgungen.

Übrigens hatte Dionysius Exiguus sich bezüglich der Geburt Christi um einige Jahre verrechnet. 1613 befasste sich der kaiserliche Hofmathematiker Johannes Kepler mit diesem Problem. Er stützte sich auf einen Bericht des jüdischen Geschichtsschreibers Flavius Josephus über eine Mondfinsternis kurz vor dem Tod des jüdischen Königs Herodes, die sich im Jahr 4 v. Chr. ereignet haben soll. Da aber Herodes zur Zeit der Geburt Jesu noch lebte, muss Jesus vorher geboren worden sein. Er vermutete, dass es das Jahr 4 vor unserer Zeitrechnung war. Später versetzte man den Zeitpunkt der Geburt Christi auf das Jahr 7 v. Chr. Einer der Gründe dafür waren die in der Weihnachtserzählung erwähnten Heiligen Drei Könige, die von einem Stern geführt den Stall von Bethlehem fanden. Viele Historiker sehen in ihnen sternkundige Babylonier, die aus einem Land kamen, in dem die Astronomie in hoher Blüte stand.

Inzwischen wurde definitiv nachgewiesen, dass es im Jahre 7 v. Chr. eine Konjunktion von Jupiter und Saturn gab. Mit dieser Konjunktion war gerade in der Wüste ein besonders großes Leuchten verbunden. Zudem galt in Babylon der Planet Jupiter als der Königsstern des Hauptgottes Marduk und Saturn als der Stern Israels. Auf den Zeitpunkt, zu dem beide sich im Sternbild der Fische trafen, datierten die babylonischen Sternkundler den Beginn eines neuen Zeitalters.

Nach Berechnungen von Konradin Ferrari d'Occhieppo vom Wiener Institut für theoretische Astronomie könnte diese Konstellation die sternkundigen Weisen genau am Abend des 12. November des Jahres 7 v. Chr. nach Bethlehem geführt haben, dem angeblichen Geburtsort Jesu.

In der Neuzeit wurde die mit der Geburt Christi beginnende Zählung der Jahre ohne Betrachtung des christlichen Ursprungs fast in der gesamten Welt übernommen. Daneben gibt es noch die muslimische Zählung mit dem Beginn am 16. Juli 622 unserer Zeit und die jüdische Zählung mit dem Beginn am 1. September 5508 v. Chr.

Zeitmessung und Zeitzonen

Viele Jahrhunderte über dienten Sanduhren zur Zeitbestimmung, bis 1427 Heinrich Arnold die Uhrfeder erfand. Fortan wurden mechanische Uhren gebaut. Die ersten Uhren dieser Art waren riesig und standen zumeist in Kirchen und Klöstern. Nach und nach wurden die Uhren kleiner. 1510 baute Peter Henlein die erste tragbare Uhr. 1657 schließlich konstruierte Christiaan Huygens die erste Pendeluhr.

Bis ins 19. Jahrhundert hinein hatte jede Stadt ihre eigene Zeit. Mittags 12 Uhr war, wenn die Sonne am höchsten stand. So war es möglich, dass die Uhren in Mainz und Berlin verschiedene Zeiten anzeigten und einige Minuten voneinander abwichen. Rund um den Bodensee gab es fünf verschiedene Normalzeiten.

Mit der Einführung der Eisenbahn entstanden hieraus Probleme. Man brauchte eine einheitliche Zeit. Die Engländer führten als Erste eine «Eisenbahnzeit» ein, die für das ganze Land galt und nach der sich alle Bahnhöfe zu richten hatten.

In Deutschland bildeten sich zunächst regionale Zeitzonen. So gab es die Berliner Zeit, die Münchner Zeit usw. Irgendwann sah man sich gezwungen, auch grenzüberschreitende Zeiten einzuführen.

Der Chefingenieur der kanadischen Eisenbahn Sandfort Fleming schlug 1876 vor, eine einheitliche Weltzeit einzuführen. Sein Plan war es, die Erde in 24 Zeitzonen von je 15 Längengraden einzuteilen. Gleichzeitig schlug er vor, den durch die britische Ortschaft Greenwich verlaufenden Längengrad als den Nullmeridian anzusehen.

Allerdings gab es dazu einen Parallelvorschlag: Als nullter Längengrad sollte derjenige gelten, auf dem die Cheops-Pyramide liegt. Dieser Vorschlag stammte von dem schottischen königlichen Astronomen Professor Piazzi Smyth, der ein begeisterter Pyramidenforscher war.

Eine Entscheidung fiel einige Jahre später, als ein Kongress der europäischen Gradmessungskommission sich für Greenwich entschied. Auch die Erdeinteilung in 24 Zeitzonen wurde angenommen. In dem Bereich von 7,5 Grad östlicher Länge bis 7,5 Grad westlicher Länge gilt seitdem die Greenwich Mean Time (GMT), Weltzeit (WT) oder Universal Time (UT). 15 Längengrade östlich (Deutschland, Italien usw.) haben wir die Mitteleuropäische Zeit (MEZ).

So wurde 1884 die Welt in 24 Zeitzonen eingeteilt. Da sich die Seefahrer schon zuvor in der Zeitbestimmung nach Greenwich gerichtet hatten und weil sich in Greenwich ein königliches Observatorium befand, wählte man die geografische Lage von Greenwich als den nullten Längengrad und unterteilte den Globus von dort ausgehend in Zeitzonen von je 15 Grad, was bei 24 Zeitzonen genau 360 Grad (das Gradmaß für den Vollkreis) ausmacht.

Wie man seinen Geburtstag zweimal feiert

Als Ferdinand Magellan 1519 zu der ersten Weltumsegelung in Spanien aufbrach, brauchte er zwei Jahre, bis seine Mannschaft wieder in Spanien landete. Von den 256 Seeleuten auf fünf Schiffen, die die Reise begannen, kehrten nur 18 nach Spanien zurück. Auch Magellan selbst überlebte nicht.

Während der Reise wurde ein Schiffstagebuch geführt. Zur großen Überraschung der Überlebenden kamen sie einen Tag zu früh in Spanien an. Angenommen, in Spanien war an diesem Tag Donnerstag, so zeigte ihr Kalender Mittwoch an. Da die Seeleute sehr gläubig waren, argwöhnten sie, dass sie die kirchlichen Feiertage an den falschen Tagen gefeiert hatten. Dies belastete sie so sehr, dass sie diese «Vergehen» beichteten.

Dass man beim Umrunden der Erde in westlicher Richtung einen Tag verliert, war den Teilnehmern der Expedition nicht bekannt. Nehmen wir an, Sie starten mit einem Super-Jet in Frankfurt und umkreisen die Erde mit einer Geschwindigkeit, bei der Sie nach genau 24 Stunden eine Erdumrundung geschafft haben und wieder in Frankfurt landen. Sie starten genau um 12 Uhr mittags Frankfurter Zeit und fliegen Richtung Westen. Sie fliegen genauso schnell, wie die Sonne sich (scheinbar) um die Erde bewegt, mit anderen Worten, Sie fliegen mit der Sonne, so dass für Sie 24 Stunden lang Mittag ist. Die Nacht fällt für Sie aus. Damit Ihre Uhr immer der Zeitzone entsprechend richtig geht, müssen Sie zu Beginn jeder Stunde die Uhr um eine Stunde zurückstellen, daher ist es auch auf Ihrer Uhr immer etwa 12 Uhr.

Nehmen wir nun an, Sie fliegen etwas schneller als die Sonne. Jetzt müssen Sie Ihre Uhr alle 50 Minuten um eine Stunde zurückstellen. Nehmen wir weiter an, Ihre Uhr zeigt den Wochentag an und Sie starten an einem Mittwoch. Da Sie immer wieder die Uhr zurückstellen, bleibt der Wochentag auf Ihrer Uhr unverändert und nach einer Erdumrundung landen Sie wieder in Frankfurt. Dort ist es jetzt 10 Uhr vormittags und – laut Ihrer Uhr – Mittwoch. Wie das? Um 12 Uhr am Mittwoch fliegen Sie los und um 10 Uhr Mittwoch sind Sie wieder da. Können Sie also jetzt Ihren eigenen Abflug um 12 Uhr beobachten?

Natürlich nicht. Nach 12 Stunden Flugzeit befinden Sie sich über dem Pazifik in der Nähe des 180. Längengrades. In diesem Moment müssen Sie die Datumsanzeige auf Ihrer Uhr um einen Tag vorstellen. Im Grunde fliegen Sie vom Mittwoch direkt in den Donnerstag hinein. Am 180. Längengrad (oder in seinem Umkreis, da diverse Inseln berücksichtigt werden) verläuft die Datumsgrenze: Links vom Längengrad ist es stets einen Tag später als rechts. Anders verhält es sich, wenn Sie in Frankfurt starten und in Richtung Osten die Erde umrunden. Umfliegen Sie die Erde in genau 24 Stunden, dann müssen Sie, wenn Ihre Uhr stets die Zeit der aktuellen Zeitzone anzeigen soll, jede Stunde die Uhr um eine Stunde vorstellen. Denn nach einer Stunde gelangen Sie in eine neue Zeitzone, in der die Zeit um eine Stunde vorgeht.

Nehmen wir an, Sie starten in Frankfurt um 12 Uhr an einem Mittwoch. Nach 6 Stunden befinden Sie sich über der Wüste Gobi in China. Die Ortszeit dort ist 24 Uhr, da Sie ja sechsmal die Uhr um eine Stunde vorstellen mussten. Sie erleben den Übergang von Mittwoch auf Donnerstag. Nach weiteren 6 Stunden sind Sie über dem Pazifik und überfliegen die Datumslinie. Das Überfliegen der Datumslinie von Ost nach West bedeutet stets, dass der Kalender um einen Tag zurückgestellt wird. Sie fliegen also jetzt wieder in den Mittwoch hinein. Der Mittwoch dauert aber nur so lange, bis Sie die USA erreichen, denn dort ist nach weiteren 6 Stunden für Sie wieder Mitternacht und der Mittwoch geht über in den Donnerstag. Am Donnerstag um 12 Uhr landen Sie dann wieder in Frankfurt. Sollten Sie also am Mittwoch Geburtstag haben, haben Sie ihn zweimal erlebt.

Modernes Zeitmessen

Bis 1967 wurde die Zeitmessung an den Lauf der Gestirne gekoppelt. Da aber die Erde für ihren Umlauf um die Sonne jedes Jahr 10 Sekunden mehr benötigt, wurde 1967 die Zeitmessung

Abbildung 2: Verschiedene Zeiten rund um den Globus – die Urania-Weltzeituhr auf dem Berliner Alexanderplatz.

neu organisiert und durch Atomuhren definiert. Die Arbeitsweise beruht darauf, dass manche Atome bei Energiezufuhr Licht einer eindeutig bestimmten Frequenz ausstrahlen.

Die bekanntesten Uhren dieser Art sind Cäsiumuhren. Eine Sekunde wurde deshalb als das 9 191 631 770-Fache der Schwingungsdauer einer Mikrowelle festgelegt, die ein bestimmter Zustand eines Atoms des Cäsiumisotops Cs_{133} absorbiert. Demnach dauert ein Tag 24 × 60 × 60 × 9 191 631 770 Schwingungsdauern dieser Mikrowelle. Einer der Erfinder dieser Atomuhren ist der amerikanische Physiker Isidor Isaac Rabi, der dafür 1944 den Nobelpreis erhielt.

Die Sekunde wiederum dient als Hilfsgröße zur Definition

der Längeneinheit «Meter». Bis 1983 wurde das Urmeter, ein Platinstab, im «Bureau International des Poids et Mesures» in Paris aufbewahrt. Seit 1983 wurde international für ein Meter die Länge festgelegt, die das Licht im 299 792 458. Teil einer Sekunde zurücklegt.

Mehr als 60 Institute weltweit beherbergen mehr als 260 dieser Atomuhren. Anhand ihrer Werte legt das «Bureau International des Poids et Mesures» in Paris die internationale Atomzeit fest.

Wie bereits erwähnt, verliert die Erde bei ihrer Umrundung der Sonne an Geschwindigkeit, daher müssen alle paar Jahre Schaltsekunden eingefügt werden.

	Sekunde (s)	Millisekunde (ms)	Mikrosekunde (µs)	Nanosekunde (ns)	Pikosekunde (ps)
Sekunde (s)	1	10^3	10^6	10^9	10^{12}
Millisekunde (ms)	10^{-3}	1	10^3	10^6	10^9
Mikrosekunde (µs)	10^{-6}	10^{-3}	1	10^3	10^6
Nanosekunde (ns)	10^{-9}	10^{-6}	10^{-3}	1	10^3
Pikosekunde (ps)	10^{-12}	10^{-9}	10^{-6}	1^{-3}	1

Tabelle 1: Zeiteinheiten im Mikrobereich. Eine Sekunde besteht aus 1000 Millisekunden, eine Millisekunde aus 1000 Mikrosekunden, eine Mikrosekunde aus 1000 Nanosekunden und eine Nanosekunde aus 1000 Pikosekunden.

• Drittes Kapitel

3. Kann die Zeit rückwärts laufen?

Als Gott das Universum schuf,
war seine geringste Sorge, es so zu schaffen,
dass wir es verstehen.
Albert Einstein

Ein Maß für die Zeitrichtung

Im Oktober 2007 fand in New York ein Symposium statt zum Thema: «Arrow of Time» (Zeitpfeil). Brian Greene von der Columbia University eröffnete die erste Sitzung mit den Worten «Olleh dna emoclew». Den erstaunten Sitzungsteilnehmern erklärte er daraufhin, dass er soeben für eine Sekunde die Zeit hatte rückwärts laufen lassen, denn umgedreht lautete seine Begrüßung: «Welcome and hello».

Kann die Zeit rückwärts verlaufen? Wenn ja, dann müsste es möglich sein, dass die Scherben einer zerschlagenen Tasse sich wieder zusammenfinden, dass Regen nach oben und nicht nach unten fällt und dass Menschen nicht nur älter, sondern auch jünger werden. Wenn Sie beim Tee einen guten Witz erzählten, würde erst die Teerunde lachen, dann käme der Witz. Es wäre wie bei einem Film, den man rückwärts laufen lässt.

Das alles klingt sehr merkwürdig und skurril, daher sollten wir angesichts der täglichen Erfahrung davon ausgehen, dass die Zeit ununterbrochen nach vorne verläuft, dass die Zeitrichtung eindeutig ist.

Geht man allerdings nicht nach der täglichen Erfahrung, sondern nach den Aussagen der elementaren Physik, ist die Aussage über einen eindeutig gerichteten Zeitpfeil nicht so sicher. Alle wichtigen Grundgleichungen der Physik, in denen die Zeit vorkommt, bleiben unverändert gültig, wenn man die Zeitrichtung umkehrt (das heißt, wenn man die Zeit t durch -t ersetzt). Das bedeutet, der Prozess könnte auch umgekehrt ablaufen, wie bei einem Film, den man rückwärts laufen lässt. Physikalische Grundgesetze werden dabei nicht verletzt. Zukunft und Vergangenheit sind in diesem Sinne gleichberechtigt.

Besonders deutlich wird das in der Quantenphysik, also im Mikrokosmos. Stoßen zwei Elementarteilchen zusammen, können neue Teilchen entstehen, die in den Raum entweichen. Würde man diesen Vorgang filmen (was prinzipiell nicht möglich ist, aber wir stellen uns in der Phantasie einen solchen Film vor), könnte man diesen Film ohne Probleme rückwärts laufen lassen und der dann dargestellte Vorgang entspricht durchaus den Naturgesetzen.

Kann also die Zeit rückwärts verlaufen?

Es gibt eine Erscheinung, die das in Frage stellt: In regelmäßigen Abständen müssen Sie Ihre Wohnung putzen und aufräumen. Würden Sie das nicht tun, würde die Unordnung permanent zunehmen. Das gilt für jede Wohnung, für jedes Haus, für jeden Garten. Dass umgekehrt eine ungeordnete Wohnung im Laufe der Zeit per Zufall und ohne Zutun immer ordentlicher wird, entspricht zwar dem Wunschdenken vieler Hausfrauen und Hausmänner, hat aber bislang noch niemand beobachten können.

Könnte es sein, dass dieses Phänomen überall in der Natur gilt? Dass das Maß der Unordnung wächst, wenn man nicht eingreift? Dies wäre dann eine Art Naturgesetz, das eine Zeitrichtung eindeutig vorgibt: Die Zeit verläuft stets so, dass die Unordnung zunimmt.

Vor 150 Jahren erkannte der Physikprofessor Rudolf Clausius, dass nicht nur in der Wohnung, sondern auch in der Natur die Unordnung ständig größer wird. Systeme der Natur werden immer unübersichtlicher. Die Physiker sprachen nicht von Unordnung, sondern von «Entropie».

Damit haben wir anscheinend eine Zeitrichtung vorgegeben. Würde die Zeit rückwärts laufen, müsste die Entropie abnehmen und die Ordnung zunehmen, was bisher nie beobachtet wurde, auch nicht in der Natur.

Was ist Entropie?

Ist es also die Entropie, welche die Richtung der Zeit bestimmt?

Rudolf Clausius formulierte 1865 ein physikalisches Gesetz, das als zweiter Hauptsatz der Wärmelehre bekannt wurde. Die Entropie kann als ein physikalisches Maß für Unordnung betrachtet werden und ist umso kleiner, je mehr ein System geordnet ist. Der zweite Hauptsatz lässt sich verkürzt so formulieren:

Die Entropie (Unordnung) kann im Durchschnitt nur zunehmen.

Dies gilt für mikroskopische und für makroskopische Vorgänge. Wenn Sie Milch in den Kaffee schütten, könnte theoretisch die Milch getrennt vom Kaffee einen eigenen Bereich der Tasse einnehmen. Das wäre Ordnung. Das tut sie aber bekanntlich nicht, sie vermischt sich mit dem Kaffee, die Unordnung (Entropie) wächst. Im Universum verteilen sich Energie und Materie so über den Raum, dass die Entropie zunimmt.

Um den Begriff der Entropie etwas genauer fassen zu können, betrachten wir ein Beispiel: Stellen Sie sich eine Voliere vor, die durch eine Trennwand in zwei Hälften geteilt ist. In der linken Hälfte befinden sich sechs Schwalben. Nunmehr beseitigen wir die Trennwand und schauen nach genau einer Minute, wo die Vögel sich befinden. Eine einfache Wahrscheinlichkeitsrechnung ergibt, dass es sehr unwahrscheinlich ist, dass sich alle Vögel noch immer in der linken Hälfte befinden. Die Wahrscheinlichkeit für diesen Fall beträgt nur 1,5 %. Dagegen ist die Wahrscheinlichkeit, dass sich in jeder Hälfte des Käfigs mindestens zwei Vögel befinden, 80 %. Dies ist der wahrscheinlichere Zustand. Erhöhen wir die Anzahl der Vögel, wird die Wahrscheinlichkeit, dass sich alle Vögel links befinden, immer geringer.

Der Wiener Professor Ludwig Boltzmann stellte ähnliche Wahrscheinlichkeitsüberlegungen für die Moleküle von Gasen in einem Behälter an, der durch eine Trennwand zweigeteilt ist. Im linken Teil befindet sich das Gas A, im rechten Teil das Gas B. Entfernt man die Trennwand, bewegen sich die Moleküle in alle Richtungen und es kann die Vermischung der Gase eintreten. Boltzmann berechnete die Wahrscheinlichkeit und erhielt wie bei unserem obigen Beispiel das Ergebnis, dass der Zustand, in dem keine Vermischung stattfindet, so unwahrscheinlich ist, dass er so gut wie nicht eintritt, die Vermischung dagegen eine hohe Wahrscheinlichkeit besitzt. Daher können wir davon ausgehen, dass eine völlige Vermischung stattfindet.

Boltzmann war es, der den Zusammenhang der Entropie mit Wahrscheinlichkeiten herstellte. Viele seiner Kollegen konnten sich mit seiner Entdeckung nicht anfreunden, denn die Gleichungen der Newton'schen Physik lassen ja zu, dass die Zeit rückwärts laufen kann. Boltzmann selbst erlebte den Durchbruch seiner Ideen nicht mehr. Bei depressiver Gemütsverfassung und in Anbetracht dessen, dass seine Ideen in der wissenschaftlichen Welt kaum akzeptiert wurden, nahm er sich am 5. September 1906 das Leben. Der deutschamerikanische Physikochemiker George Cecil Jaffe konnte deshalb nicht umhin zu erklären: «*Boltzmanns Tod ist einer der wirklich tragischen Ereignisse der Wissenschaftsgeschichte.*»

Eine Vermischung stellt so etwas wie eine Unordnung dar; die Wahrscheinlichkeit einer möglichen Mischung bezeichnen die Physiker als Entropie. (In genauer Formulierung ist der natürliche Logarithmus der Wahrscheinlichkeit multipliziert mit einer Konstanten die Entropie, aber das soll uns hier nicht kümmern.) Es werden immer wahrscheinlichere Mischungen angestrebt, das heißt, die Entropie steigt. Sie wächst so lange, bis der Zustand der höchsten Entropie erreicht ist und die Entropie nicht weiter steigen kann. Die Physiker nennen diesen Zustand das thermodynamische Gleichgewicht.

Die Entropie nimmt im Weltall zu

Betrachten wir nochmals das Beispiel der Milch im Kaffee. Milch verteilt sich gleichmäßig in der Kaffeetasse, die Unordnung nimmt zu. Genauso ist es, wenn Sie weiße Kugeln in ein Gefäß legen und darüber rote Kugeln. Beide Farben sind geordnet: unten weiß, oben rot. Wenn Sie nun alles durchschütteln, vermischen sich die Kugeln, die Unordnung nimmt zu, die Entropie wächst.

Die Entropie wächst demnach, wenn verschiedene Teilchen sich untereinander vermischen und im Raum gleichmäßig verteilen.

Was bedeutet das für das Universum? Nach der Entstehung des Alls, dem Urknall, waren alle Elementarteilchen gleichmäßig über den Raum verteilt. Später verklumpten sie und es bildeten sich Galaxien und Sterne. Nach dem oben Gesagten müsste bei diesem Verklumpungsprozess die Entropie abnehmen, denn wir haben den umgekehrten Vorgang wie bei den Beispielen mit der Milch oder den Kugeln.

Allerdings sind die physikalischen Grundlagen hier etwas anders. Bei den genannten Beispielen unterlagen die einzelnen Teilchen oder Kugeln keinen besonderen Kräften. Im Universum dagegen gilt die Gravitationskraft, die die Teilchen zusammenzieht. Physiker konnten zeigen, dass unter dem Einfluss der Gravitationskraft die Verklumpung von Materie die Entropie erhöht. Die mittlere Entropie im Universum nimmt daher stets zu, sie wächst mit zunehmender Zeit. Je höher die Materiedichte in einem Stern ist, desto höher ist die Entropie. Am höchsten ist sie in schwarzen Löchern, welche die maximale Entropie besitzen, die ein Volumen aufnehmen kann.

Das All ist etwa 13,7 Milliarden Jahre alt. In diesem ungeheuer langen Zeitraum ist die Entropie permanent gewachsen. Also muss sie unmittelbar nach dem Urknall extrem gering gewesen sein – oder anders formuliert, das Universum war zu Beginn seiner Existenz in einer extremen Ordnung. Die Materie war völlig glatt über den Raum verteilt, ohne jede Verklumpung. Es fehlte offenbar jedwede Form von «Unordnung».

Es ist eines der Rätsel der Kosmologie, wie in einem so glatten, geordneten Universum Verklumpungen stattfinden konnten. Warum entstanden Galaxien und Sterne?

Roger Penrose von der Universität Oxford erkannte diesen Sachverhalt als Erster und es gelang ihm sogar, seine Erkenntnis mit Zahlen zu quantisieren: Der tatsächliche Zustand des Universums mit seiner extremen Ordnung am Anfang ist äußerst unwahrscheinlich. Im Vergleich zu allen möglichen Konfigurationen beläuft er sich auf das Zahlenverhältnis $1:(10^{10})^{123}$. Diese Zahl ist so groß, dass – schriebe man sie als Kommazahl – das gesamte sichtbare Universum nicht ausreichen würde, um sie zu fassen.

Das Universum ist wie ein Uhrwerk, das zu Beginn aufgezogen wurde und seitdem unaufhörlich abläuft. Irgendwann wird es ganz abgelaufen sein und die Weltordnung sich auflösen. Dieser Prozess des sich Auflösens, des Ablaufens des Uhrwerks, lässt sich nicht rückgängig machen. Die Weltraumtemperatur sinkt, die Entropie steigt und die Zeit schreitet unaufhörlich voran. Die Evolution des Lebens ist nur eine kurze Episode im unwiderruflichen Abwärtstrend des Universums. Wie und warum das Uhrwerk zu Beginn aufgezogen wurde, kann die Wissenschaft nicht beantworten.

Evolution des Lebens: Widerspruch zur Entropie?

Die Entropie wächst mit der Zeit, sie kann im Durchschnitt nicht abnehmen. Dies ist der Inhalt des zweiten Hauptsatzes der Wärmelehre.

Nun hat sich im Laufe von Millionen von Jahren auf einem Planeten namens Erde Leben entwickelt. Leben ist eine Form von hochgradiger Ordnung. Aus nicht geordneten Molekülen bildeten sich Lebewesen mit komplexen Ordnungsstrukturen. Die Entropie nahm hier ganz augenscheinlich ab, die Ordnung zu. Liegt ein Widerspruch zum zweiten Hauptsatz vor?

Um eine Klärung zu finden, müssen wir tiefer einsteigen. Alles Leben auf der Erde wird genährt von der Energie der Sonne. Die Sonne strahlt Energie in Form von elektromagnetischen Wellen in bestimmten Frequenzen aus – insbesondere als sichtbares Licht. Der Teil der Strahlung, der auf der Erde landet, wird fast vollständig wieder in den Weltraum abgestrahlt, allerdings in viel ungeordneterer Form, hauptsächlich als Wärme. Die Entropie der von der Erde abgestrahlten Energie hat daher einen höheren Wert als die eingestrahlte Entropie. Es wird demnach Entropie in den Weltraum exportiert.

Die Physiker messen Entropie in der Einheit Watt pro Temperatur in Kelvin (W/K). Pro Quadratmeter und pro Sekunde exportiert unser Planet etwa eine Entropieeinheit (= W/K).

Wenn unsere Erde Entropie in den Weltraum exportiert, dann nimmt die Entropie auf der Erde zwangsläufig ab. Die Abnahme der Entropie auf der Erde schafft also die Voraussetzung für die Entstehung des Lebens. Sie ist nicht der Grund für die Entstehung des Lebens, wohl aber eine notwendige Voraussetzung.

Tachyonen: Teilchen, die in die Vergangenheit fliegen?

Wenn Sie im Internet das Wort «Tachyonen» eingeben (etwa bei Google), erhalten Sie neben seriösen Erklärungen auch nicht so überzeugende Angebote, wie Heilung von Krankheiten mit Tachyonen, den Text «Neue Lebenskraft mit Tachyonen» oder ähnlich verheißungsvolle Titel. Auch in Sciencefic-

Tachyonen: Teilchen, die in die Vergangenheit fliegen? 51

tion-Romanen und -Filmen spielen Tachyonen oft eine besondere Rolle, weil sie angeblich Teilchen sind, bei denen die Zeit rückwärts läuft, und daher Reisen in die Vergangenheit möglich sind.

Um welche merkwürdigen Teilchen im Universum handelt es sich? Sie wurden nie beobachtet, aber die Mathematik in der Relativitätstheorie von Einstein lässt solche Teilchen zu. Sie haben so merkwürdige Eigenschaften, dass wir sie experimentell wohl nie werden nachweisen können. So fliegen sie mit Überlichtgeschwindigkeit durch den Raum und lassen sich nicht auf kleinere Geschwindigkeiten als Lichtgeschwindigkeit abbremsen. Zudem wird ihnen die Eigenschaft nachgesagt, in die Vergangenheit fliegen zu können, also mit rückwärts gerichteter Zeit. Infolgedessen sind sie die idealen Objekte für Sciencefiction-Romane.

Viele Physiker bezweifeln die Existenz dieser Teilchen, denn nicht alles, was die Gleichungen der Einstein'schen Relativitätstheorie zulassen, muss auch real existieren. Ein einfaches Beispiel ergibt sich aus dem bekannten Satz des Pythagoras:

$$c = \sqrt{a^2 + b^2},$$

wobei a, b und c die Seitenlängen eines rechtwinkligen Dreiecks sind. Die Wurzel aus einer Zahl kann sowohl positiv als auch negativ sein, wie das Beispiel

$$\pm 2 = \pm\sqrt{4}$$

zeigt. Trotzdem kann eine Länge (Dreiecksseite) niemals negativ sein. Hier liefert die Mathematik mehr, als die Realität zulässt. Genau so ist es womöglich mit den Tachyonen: Die Gleichungen der Relativitätstheorie lassen sie zwar zu, realiter aber existieren sie möglicherweise nicht.

Multiversen und rückwärts gerichtete Zeit?

Es gibt Physiker, die sich mit der Tatsache, dass in unserem Universum die Zeit fortschreitet, es also einen eindeutigen Zeitpfeil nach vorne gibt, nicht abfinden mögen. Sie meinen, dass alles im physikalischen Weltbild symmetrisch ist. Wenn bei uns die Zeit vorwärts verläuft, müsse es ebenso Universen geben, in denen die Zeit aus Symmetriegründen rückwärts verläuft. Freilich haben sie keinerlei Beweise für ihre Vermutungen und es fällt auf, dass in ihren Abhandlungen überdurchschnittlich oft das Wort «vielleicht» vorkommt. Sie gehen davon aus, dass es viele – vielleicht sogar unendlich viele – Universen gibt, und in etwa der Hälfte dieser «Multiversen» läuft die Zeit rückwärts. Mir scheinen die Begründungen für diese Vorstellungen sehr gewagt zu sein. Wenn «naturwissenschaftlich denken» bedeutet, aus vorhandenen Beobachtungen Theorien zu entwickeln, die die Beobachtungen kanalisieren und in ein System bringen, dann handelt es sich hier wohl mehr um Spekulationen als um Naturwissenschaft. Albert Einstein, zu dessen Zeit es Spekulationen ähnlicher Art gab, meinte hierzu: *«Wer da nämlich erfindet, dem erscheinen die Ereignisse seiner Phantasie so notwendig und naturgegeben, dass er sie nicht für Gebilde des Denkens, sondern für gegebene Realitäten ansieht und angesehen wissen möchte.»*

Viertes Kapitel

4. Kann die Zeit langsamer verlaufen?

*Wer die Vergangenheit nicht kennt, wird
die Zukunft nicht in den Griff bekommen.*
Golo Mann

Zeit ist nicht gleich Zeit

Eine Rolltreppe ist eine nützliche Einrichtung. Sie trägt uns ohne Anstrengung von einem Stockwerk ins nächste.

Neben Rolltreppen gibt es auch Laufbänder. Wir finden sie auf großen Flughäfen oder in Fußgängerzonen. Manche sind mehrere hundert Meter lang. Man wird darauf ohne Zutun weiterbefördert.

Stellen wir uns ein Laufband vor, das die Menschen mit einem Meter pro Sekunde bewegt. Wir beobachten einen besonders eiligen Fußgänger, der sich auf dem Band zusätzlich mit zwei Metern pro Sekunde in Laufrichtung fortbewegt. Natürlich schafft er jetzt drei Meter pro Sekunde, nämlich die Geschwindigkeit des Laufbandes plus seine eigene Geschwindigkeit.

Wir stehen außerhalb des Laufbandes und besitzen ein raffiniertes Messinstrument, mit dem wir die Gesamtgeschwindigkeit dieses Passanten messen können.

Unsere Messung ergibt statt der drei nur zwei Meter pro Sekunde. Wir sind verblüfft, denn wir wissen, dass dieser Wert nicht stimmen kann.

Wir sind ratlos und betrachten die gesamte Messung auf dem Laufband als gescheitert, den Grund dafür kennen wir nicht.

In dieser Situation befanden sich am Ende des 19. Jahrhunderts die Physiker. Ersetzen Sie den Passanten auf dem Laufband durch die kleinsten Träger des Lichtes, die Photonen, und das Laufband durch die Erde, die mit 27 Kilometern pro Sekunde durch den Weltraum rast. Das Licht und damit die Photonen haben eine Geschwindigkeit von etwa 300 000 Kilometern pro Sekunde (Lichtgeschwindigkeit). Also müsste ein Lichtstrahl, der in Flugrichtung der Erde ausgesandt wird, eine Geschwindigkeit von 300 000 km/s + 27 km/s = 300 027 km/s haben. Hat er aber nicht, er fliegt unbeeindruckt mit 300 000 km/s in Flugrichtung. Würde man die Geschwindigkeit von außerhalb der Erde messen, betrüge sie ebenfalls 300 000 km/s. Wir haben offenbar die gleiche Situation wie bei unserem Laufband: Die gemessene Geschwindigkeit ist zu klein.

Wir betrachten erneut die Situation am Laufband. Der Hersteller des Messgerätes wird zu Hilfe gerufen. Er könnte eventuell Folgendes feststellen: Die im Gerät eingebaute Uhr geht zu schnell. Da Geschwindigkeit stets der zurückgelegte Weg dividiert durch die Zeit ist (also z. B. Kilometer pro Stunde), wird durch einen zu hohen Wert dividiert, womit die Geschwindigkeit als zu gering ermittelt wird.

Damit wäre die Fehlmessung am Laufband erklärt: Die Zeit wurde außerhalb des Bandes als zu hoch gemessen. Können wir dieses Ergebnis auf unser Beispiel mit der Lichtgeschwindigkeit übertragen?

Würde die Zeit für einen Beobachter außerhalb der mit 27 km/s fliegenden Erde schneller verlaufen, ließen sich die verschiedenen Messergebnisse erklären. Man könnte sagen: Die Zeit verläuft außerhalb der Erde schneller als auf der Erde. Kehrte man diese Aussage um, würde sie lauten: «Die Zeit verläuft auf der mit 27 Kilometern pro Sekunde rasenden Erde langsamer als in einem ruhenden Punkt im Weltraum.» Verallgemeinert könnte man sagen:

> *Die Zeit verläuft in einem bewegten System langsamer als in einem ruhenden System.*

Wenn diese Aussage stimmt, haben wir eine gültige Erklärung für das Verhalten von Lichtphotonen.

Inzwischen ist die Aussage der Zeitverzögerung in bewegten Systemen wie Raketen, Flugzeugen usw. in verschiedenen Experimenten belegt. So konnten zum Beispiel die Physiker Joseph C. Hafele und Richard E. Keating 1971 die Zeitverzögerung mit Hilfe von Atomuhren in Flugzeugen nachweisen. Für einen Astronauten, der mit hoher Geschwindigkeit durch den Weltraum fliegt, vergeht die Zeit langsamer, er altert mithin auch langsamer. Wir kommen später darauf zurück.

Zudem ist die Aussage der Zeitverzögerung auch eine Konsequenz der Speziellen Relativitätstheorie, die Albert Einstein 1905 aufstellte. Auch darauf werden wir zurückkommen.

Besonders einsichtig wird diese Aussage im Bereich der Elementarteilchen. Als Beispiel betrachten wir Myonen. Diese Elementarteilchen entstehen beim Aufprall der kosmischen Weltraumstrahlung auf die Lufthülle der Erde in ca. 30 Kilometer Höhe und fliegen dann nahezu mit Lichtgeschwindigkeit durch den Raum.

Wie die meisten Elementarteilchen haben Myonen nur eine sehr kurze Lebenszeit, nämlich 0,0000022 Sekunden, danach zerfallen sie. Die Strecke, die sie während dieser Zeit zurücklegen, errechnet man, indem man ihre Lebenszeit mit ihrer Geschwindigkeit multipliziert. Man erhält weniger als 700 Meter. Da die Geburt der Myonen in 30 Kilometer Höhe stattfindet, können sie den Erdboden nie erreichen. Trotzdem lassen sie sich auf der Erdoberfläche nachweisen.

Dieser scheinbare Widerspruch löst sich auf, wenn man die Zeitverzögerung heranzieht. Die Lebenszeit von 0,0000022 Sekunden gilt für ruhende Myonen. Schickt man sie auf die Reise, altern sie langsamer und ihre Lebenszeit wird größer. Die Myonengeschwindigkeit ist so groß, dass ihre Lebenszeit auf das 50-Fache anwächst, womit sich auch die in dieser Zeit zurückgelegte Strecke auf das 50-Fache erhöht, also auf ca. 35 Kilometer. Daher ist es für die Myonen möglich, den Erdboden zu erreichen.

Im Jahr 1959 wurde die Veränderung der Myonen-Lebenszeit im Europäischen Kernforschungszentrum CERN in Genf experimentell nachgeprüft. In einem Speicherring wurden Myonen auf den 0,9942-fachen Wert der Lichtgeschwindigkeit beschleunigt. Die dabei gemessene verlängerte Lebenszeit bestätigt die Aussage der Zeitverzögerung und damit die Annahmen der Speziellen Relativitätstheorie.

Wir bewegen uns
mit Lichtgeschwindigkeit

Rüdesheim am Rhein ist bekannt als Weinort mit vielen touristischen Attraktionen. Unweit von Rüdesheim kreuzen sich der achte Längengrad und der fünfzigste Breitengrad der Erde. Stellen Sie sich vor, Sie befinden sich genau an diesem Punkt und starten von dort in einem Heißluftballon, der Sie nach oben trägt. Es sei völlig windstill, der Ballon erhebt sich senkrecht und auch in der Luft verharren Sie am Kreuzungspunkt von achtem Längen- und fünfzigstem Breitengrad. Ihre Position bezüglich der Erdkoordinaten ändert sich also nicht, lediglich die Höhe ändert sich permanent.

In dieser Situation sind wir alle, wenn wir in Ruhe sind; nur dass die Zeit für uns das ist, was für den Ballon in unserem Modell die Höhe darstellt. Einstein fand heraus, dass die Vorstellung, dass alle Punkte des Weltalls sich mit Lichtgeschwindigkeit in Zeitrichtung bewegen, für physikalische Aussagen hilfreich ist. So, wie die Koordinaten des Ballons sich nicht ändern, so bleiben die Raumkoordinaten einer ruhenden Person unverändert. Lediglich die Zeitkoordinate ändert sich vergleichbar der Höhenkoordinate des Ballons.

Wir befinden uns also gleichsam in einem Ballon, der mit 300 000 Kilometern pro Sekunde in Zeitrichtung fliegt. Allerdings gibt es einen kleinen Unterschied: Der Ballonfahrer bemerkt, dass seine Höhenkoordinate sich ändert. Die ruhende Person hingegen bemerkt nicht, dass sich ihre Zeitkoordinate ändert, zumindest nicht direkt.

Die Physiker betrachten in diesem Zusammenhang einen vierdimensionalen Raum, die Raumzeit. In diesem Raum ist die Zeit die vierte Dimension; jeder Punkt bewegt sich durch die Raumzeit mit Lichtgeschwindigkeit und beschreibt dabei eine Kurve. Der Mathematiker Hermann Weyl nannte diese Kurven «Weltlinien».

Was geschieht, wenn ich nicht mehr in Ruhe bleibe, sondern mich mit einer bestimmten Geschwindigkeit im Raum bewege? Einsteins Relativitätstheorie besagt, dass auch jetzt meine Gesamtgeschwindigkeit unter Einschluss der Zeitkoordinate die Lichtgeschwindigkeit ist. Das stimmt aber nur unter der Voraussetzung, dass man von der Zeitgeschwindigkeit etwas wegnimmt und dies der Geschwindigkeit im Raum – in diesem Falle der Geschwindigkeit auf der Erde – zuschlägt. Ich bewege mich also in Zeitrichtung etwas langsamer, komme später ans Ziel. Das heißt, die Zeit verläuft für mich langsamer.

Je schneller ich mich bewege, desto langsamer bewege ich mich in Zeitrichtung, umso langsamer vergeht also die Zeit. Was würde geschehen, wenn ich mich im Weltraum mit Lichtgeschwindigkeit in eine bestimmte Richtung bewegen würde? Nunmehr wird die gesamte Geschwindigkeit in Zeitrichtung auf meine Geschwindigkeit umgelegt, es gibt keine Zeit mehr für mich – oder anders formuliert: Die Zeit bleibt jetzt für mich stehen.

Leider lässt sich dieses Experiment nicht durchführen, denn nach der Relativitätstheorie nimmt die Masse eines Körpers zu, wenn er sich schneller bewegt. Bei Erreichen der Lichtgeschwindigkeit würde die Masse unendlich. Da aber eine Masse nie unendlich werden kann, kann ein Körper auch nie Lichtgeschwindigkeit erreichen.

Trotzdem gibt es Teilchen, die sich mit Lichtgeschwindigkeit im Raum bewegen, für die also die Zeit stehen bleibt: die Photonen.

Wiederum war es Einstein, der herausfand, dass das Licht

aus winzigen Teilchen besteht, den Photonen. Diese Entdeckung zu Beginn des 20. Jahrhunderts war eine kleine Sensation, glaubte man doch bis dahin, Licht bestehe lediglich aus Wellen. Experimente hatten deutlich gezeigt, dass das Licht Wellencharakter hat. Anders geartete Experimente ließen sich hingegen nur dadurch erklären, dass man das Licht als Teilchenstrom auffasste. Was war es nun? Teilchen oder Welle? Die Physiker haben sich daran gewöhnt, beide Auffassungen zu akzeptieren, ohne dass man den scheinbaren Widerspruch erklären kann. Sie sprechen von der Dualität des Lichtes.

Wenn die Photonen Träger des Lichtes sind, bewegen sie sich natürlich mit Lichtgeschwindigkeit im Raum. Nach dem oben Gesagten haben sie dann keine Zeitbewegung, sie sind nicht der Zeit unterworfen. Würde man einem Photon eine Uhr umhängen, würde diese stehen: Die Zeit steht still.

Nun nimmt aber – wie wir oben sahen – die Masse eines Teilchens bei Erhöhung der Geschwindigkeit zu und bei Lichtgeschwindigkeit erreicht sie unendlich. Für Photonen ergibt sich daraus ein Problem: Könnten sie eine unendliche Masse besitzen? Diesen Widerspruch lösen wir dadurch, dass wir annehmen, dass Photonen überhaupt keine Masse besitzen, ihre Masse ist null.

Wer reist, altert langsamer

In einer rasenden Rakete gehen Uhren langsamer als auf der Erde. Dies bedeutet, dass physikalische Bewegungen langsamer ablaufen. Daraus ist zu schließen, dass auch biologische Vorgänge im Körper eines in der Rakete reisenden Menschen langsamer verlaufen als auf der Erde und der Betreffende nicht so schnell altert wie seine Artgenossen auf der Erde.

Nehmen wir an, ein Astronaut startet im Alter von 30 Jahren zu einer Weltraumreise. Er verabschiedet sich von seiner gleichaltrigen Ehefrau und seinem 11-jährigen Sohn und fliegt laut Borduhr genau 20 Jahre lang mit einer Geschwindigkeit von 260 000 km pro Sekunde. Dann, inzwischen ist er 50 Jahre alt, landet er wieder auf der Erde. Mit Hilfe physikalischer Formeln kann man nun leicht nachrechnen, dass dort inzwischen 40 Jahre vergangen sein müssen. Er wird daher von seiner 70-jährigen Ehefrau und seinem 51-jährigen Sohn begrüßt. Der Sohn ist inzwischen älter als sein 50-jähriger Vater.

Diesen Zahlen liegen keine Sciencefiction-Überlegungen zugrunde, sondern sie entsprechen seriösen physikalischen Berechnungen. Allerdings ist es praktisch unmöglich, eine Rakete mit einer so hohen Geschwindigkeit auf die Reise zu schicken.

Bei den Geschwindigkeiten, die wir gewohnt sind, sind die Zeitdifferenzen bescheiden. Die Rechnung ergibt, dass ein Vertreter, der mit seinem Auto täglich acht Stunden unterwegs ist, bei seinem 40-jährigen Dienstjubiläum um 0,0000008 Sekunden jünger ist als seine Kollegen, die die Zeit sitzend verbrachten.

Zu Recht werden Sie sagen, dass der Unterschied vernachlässigbar gering ist. Der Grund dafür ist, dass die Geschwindigkeit von 140 km/h einfach zu klein ist. Je höher die Geschwindigkeit, desto größer die Zeitverschiebung. Erst wenn sich die Geschwindigkeit in Größenordnungen der Lichtgeschwindigkeit (also ein Zehntel der Lichtgeschwindigkeit oder so ähnlich) angeben lässt, erhält man große Zeitdilatationen.

Als im Rahmen des Apollo-Programms die ersten Menschen zum Mond flogen, erreichten sie eine Geschwindigkeit von

40 000 Kilometern pro Stunde. Selbst bei dieser riesigen Geschwindigkeit gehen die Borduhren nach einer Stunde lediglich um 0,0000025 Sekunden nach.

Betrachten wir zum Schluss einen 100-Meter-Läufer, der die Distanz in exakt 10 Sekunden gelaufen ist. (Diese Zeit sei mit Hochpräzisionsuhren gemessen worden.) Nehmen wir weiterhin an, der Läufer habe eine Präzisionsstoppuhr bei sich getragen. Dann hat er laut dieser Uhr die Strecke unter 10 Sekunden gelaufen, denn bewegte Uhren gehen langsamer. Seine Uhr würde 9,999999999999995 Sekunden statt 10 Sekunden zeigen. Die Geschwindigkeit des Läufers ist auch hier natürlich viel zu niedrig, als dass die Zeitdifferenz signifikant wäre, aber immerhin hätte er laut seiner Uhr die 10 Sekunden unterboten.

Kann die Zeit stehen bleiben?

Wie wir sahen, geht die Uhr umso langsamer, je schneller wir durch den Raum fliegen. Würden wir mit 20 % der Lichtgeschwindigkeit fliegen, also mit 60 000 Kilometern pro Sekunde, würde die Minute nur 59 Sekunden lang sein. Bei 40 % wäre die Minute auf 55 Sekunden verkürzt und bei 90 % auf 25 Sekunden. Je mehr wir uns der Lichtgeschwindigkeit nähern, desto langsamer verläuft die Zeit. Würden wir schließlich Lichtgeschwindigkeit erreichen, bliebe die Zeit stehen. In der folgenden Tabelle sind die entsprechenden Werte aufgelistet.

Raketengeschwindigkeit in Prozent der Lichtgeschwindigkeit	Eine Minute auf der Erde verlangsamt sich in der Raketenzeit (in Sekunden) auf:
10%	59,4
20%	58,8
30%	57,0
40%	55,2
50%	51,6
60%	48
70%	42,6
80%	36
90%	25,8
99%	18,6
99,99%	6
100%	0

Tabelle 2: Je mehr wir uns der Lichtgeschwindigkeit nähern, desto langsamer verläuft die Zeit.

Eine Reise durch den Weltraum

Wir beabsichtigten, eine weit entfernte Galaxie mit einem Raumschiff zu besuchen. Diese Galaxie sei Tausende von Lichtjahren entfernt. Wäre es möglich, mit Lichtgeschwindigkeit zu fliegen, würden wir demnach mehrere tausend Jahre unterwegs sein und würden die Galaxie wohl lebend nie erreichen.

Nun sahen wir aber, dass die Uhr des Raumschiffes langsamer verläuft als eine Uhr auf der Erde. Sie ist umso langsamer,

Eine Reise durch den Weltraum 65

je höher die Geschwindigkeit des Raumschiffes ist. Könnten wir mit dem Raumschiff fast Lichtgeschwindigkeit erreichen, dann wäre es möglich, laut unserer Borduhr die ferne Galaxie in nur einem Tag zu erreichen.

Dies ist ein Geschenk des Himmels für alle Ufologen. Üblicherweise wird ja argumentiert, Besucher eines fernen bewohnbaren Planeten könnten niemals die Erde erreichen, da die Flugzeiten zu lang seien. Umgekehrt könnten Astronauten ferne Planeten nie besuchen, weil deren Lebensspanne viel zu klein ist. Nach der oben skizzierten Überlegung müssen wir aber nur die Geschwindigkeit der Raumschiffe erhöhen und die Flugzeiten verkürzen sich.

Nehmen wir als Beispiel einen Planeten, der 100 Lichtjahre entfernt ist. Nach Erdenzeit benötigt das Licht 100 Jahre, um uns von dort zu erreichen, die Entfernung beträgt 940 000 000 000 Kilometer. Würden wir mit 5000 km/h fliegen, bräuchten wir nach Erdenzeit 216 000 Jahre. Ein hoffnungsloses Unterfangen, selbst in Anbetracht des Umstands, dass sich die Flugzeit wegen der hohen Geschwindigkeit auf 212 000 Jahre Raketenzeit verkürzen würde. Wir müssen also wesentlich schneller fliegen. Bei einer Fluggeschwindigkeit von 280 000 km/h sind es noch etwa 90 000 Jahre und bei 299 000 km/h (also fast Lichtgeschwindigkeit) immerhin 18 000 Jahre. Erst bei Lichtgeschwindigkeit ist die Flugzeit null, wir sind also beim Start direkt am Ziel und bereits angekommen.

Der letzte Satz sei näher erläutert: Ein Astronaut starte von einem 10 Lichtjahre entfernten Stern zu einer Reise auf die Erde und fliege mit der halben Lichtgeschwindigkeit. Dann benötigt er – von der Erde aus gemessen – offenbar 20 Jahre für seine Reise, da die Reisegeschwindigkeit nur die halbe Lichtgeschwindigkeit beträgt. Seine Borduhr zeigt allerdings eine kürzere Zeit an, nämlich 17 Jahre, da seine Zeit langsamer verläuft. Würde er mit 90 % der Lichtgeschwindigkeit fliegen, würde seine Reise von der Erde aus gemessen etwa 11 Jahre dauern, nach der Borduhr des Astronauten aber nur 6 Jahre. Bei 99 % sind die Daten: Erdenzeit 10,1 Jahre, Bordzeit 1,4 Jahre. Je schneller er fliegt, desto langsamer verläuft die Bordzeit. Bei Lichtgeschwindigkeit bleibt sie stehen, die Reisezeit wird null, während die Erdenzeit 10 Jahre beträgt.

Wenn wir einen Stern beobachten, schauen wir nach Erdenzeit in die Vergangenheit. Für die Photonen – die Lichtteilchen – aber ist alles gleichzeitig. Diese sich unseren Vorstellungen entziehende Aussage ist Folgerung der Speziellen Relativitätstheorie.[*]

Wir müssten also schon sehr nahe der Lichtgeschwindigkeit fliegen, um sinnvolle Flugzeiten zu erhalten. Dies ist aber aus physikalischen Gründen unmöglich. Je schneller wir fliegen, desto größer wird die Masse der Rakete (und natürlich unseres mitfliegenden Körpers) und mithin die Antriebsenergie zur Beschleunigung. Um eine Masse von zehn Tonnen auf 99,9 % der Lichtgeschwindigkeit zu bringen, benötigt man zehn Milliarden Milliarden (10^{19}) Joule an Energie, was der Energiemenge entspricht, die die gesamte Menschheit in mehreren Monaten erzeugt. Wir können daher wohl die Hoffnung begraben, durch schnelle Fluggeschwindigkeiten zu sinnvollen Flugzeiten zu kommen.

Nach der Einstein'schen Relativitätstheorie geht nicht nur eine bewegte Uhr langsamer, sondern es verkürzen sich auch die Längen in Flugrichtung. Dies bedeutet, dass die Entfer-

---

[*] Die obigen Überlegungen sind insofern idealisiert, als die Tatsache, dass sich Entfernungen bei hohen Geschwindigkeiten verkürzen, bei den Berechnungen nicht berücksichtigt wurden.

nung zur abgelegenen Galaxie bei hoher Geschwindigkeit kürzer wird. Theoretisch können wir eine Geschwindigkeit nahe der Lichtgeschwindigkeit anvisieren, bei der die Entfernung (aus Sicht der Rakete) nur noch wenige Kilometer beträgt.

Richtig interessant wird es, wenn wir mit Lichtgeschwindigkeit fliegen könnten. Nehmen wir an, wir könnten uns an ein Photon (Lichtteilchen) anhängen. In diesem Fall steht während der Reise die Zeit still und die Entfernung zur Galaxie wäre null. Es vergeht also keine Zeit und wir sind gleichzeitig auf der Erde und in der fernen Galaxie. Start und Ziel sind eins.

Gravitation verlangsamt die Zeit

Sie sind Zuschauer einer Quizveranstaltung. Der Quizmaster führt zwei Kandidaten einen Film vor mit folgendem Inhalt: In einem großen geschlossenen Kasten hält eine Hand eine Eisenkugel und lässt sie los. Die Kugel schwebt langsam wie eine Feder zu Boden. Die Frage des Quizmasters lautet: Wo hat sich diese Szene abgespielt?

Antwort des Kandidaten A: Der Kasten steht auf dem Mond. Wegen der geringen Anziehung des Mondes fällt die Kugel nur langsam zu Boden.

Antwort des Kandidaten B: Der Kasten steht in einer Rakete im Weltraum. Wegen der Schwerelosigkeit schweben alle Gegenstände im Raum. Beschleunigt man die Rakete, so bewegen sie sich langsam zum hinteren Teil der Rakete. Genau dies war im Film der Fall. Die Kugel wurde während der Beschleunigung der Rakete in eine Richtung gedrängt, die von der Kamera als «unten» angesehen wurde.

Der Quizmaster, der eigentlich an den Mond dachte, wendet sich an den anwesenden Sachverständigen. Dieser – ein promovierter Physiker – erklärt beide Antworten für richtig. Der Quizmaster, der über den Ausgang der Befragung nicht sehr glücklich zu sein scheint, weil er einen Sieger braucht, interveniert. Ob es nicht prinzipiell möglich sei, zwischen der Anziehungskraft des Mondes einerseits und der Bewegung der Kugel infolge einer Beschleunigung andererseits zu unterscheiden? Der Physiker bedauert, beide Kandidaten seien im Recht. Er erläutert, dass selbst ein hoch qualifizierter Experimentalphysiker, der sich, ausgestattet mit den raffiniertesten Geräten im Innern des Kastens befindet, nicht in der Lage sei zu entscheiden, ob sich sein Kasten auf dem Mond oder in einer Rakete befindet.

Wir verlassen die Quizveranstaltung und denken weiter über diesen Sachverhalt nach. In den beiden geschilderten Fällen waren die Ursachen für die Bewegung der Eisenkugel verschieden.

Wenn ich einen Körper beschleunige, vergeht bei ihm – wie wir sahen – die Zeit immer langsamer. Wenn eine Anziehungskraft auf ihn wirkt, ist dies ebenfalls eine Beschleunigung, und wenn beide Beschleunigungsformen in ihren Auswirkungen nicht unterscheidbar sind, sollte dann nicht womöglich auch das Gleiche gelten? Verläuft also die Zeit in einem Gravitationsfeld langsamer?

Albert Einstein war es, der 1916 mit der «Allgemeinen Relativitätstheorie» diesen Sachverhalt mathematisch klärte. Er stellte eine Gleichung auf, die Raum und Zeit auf der einen Seite und Materie und Energie auf der anderen Seite verknüpfte. Zeit und Raum hängen ab von der umgebenden Materie, also der Gravitation.

$$R_{\mu\nu} - \frac{R}{2} g_{\mu\nu} + \Lambda g_{\mu\nu} = \frac{8\pi G}{c^4} T_{\mu\nu}$$

*Abbildung 3: Einsteins berühmte Gleichung,
die die Allgemeine Relativitätstheorie begründete.*

Die Allgemeine Relativitätstheorie Einsteins stellt sicher, dass tatsächlich die Zeit umso langsamer verläuft, je größer die Anziehungskraft eines Planeten oder Sternes wirkt. Gravitation verlangsamt die Zeit. Jemand, der im gravitationsfreien Weltraum lebt, würde schneller altern als wir auf der Erde, die wir im Gravitationsfeld der Erde leben. Allerdings ist die Differenz nur gering, da die Erdanziehung vergleichsweise schwach ist.

Diese Verschiebung in der Zeit müsste theoretisch sogar zwischen einem Hochhausbewohner und einem Erdgeschossbewohner gelten, denn je höher wir gehen, desto geringer wird die Erdanziehung, sprich die Gravitation. In der Tat führte man 1959 an der Universität Harvard ein Experiment durch, um die Zeitverzögerung für einen 22,5 Meter hohen Turm zu finden. Mit Hilfe von nuklearen Zeitmessungen fand man die Differenz von 0,000000000000257 Prozent.

Die Zeit verläuft unter dem Einfluss von Gravitation langsamer.

Wir betrachten einen Satelliten, der auf einer Umlaufbahn die Erde umrundet. In ihm sei eine Atomuhr angebracht, die wir mit einer Atomuhr auf der Erde vergleichen. Welche Uhr geht langsamer?

Da auf den weit von der Erde entfernten Satelliten eine geringere Erdanziehungskraft einwirkt als auf die Uhr am Erdboden, ist die Gravitation im Satelliten geringer als auf der

Erde. Daher sollte die Satellitenuhr schneller gehen als die Uhr auf der Erde. Andererseits aber bewegt sich der Satellit mit einer hohen Geschwindigkeit und – wie wir sahen – gehen bewegte Uhren langsamer. Also: Geht die Satellitenuhr nun langsamer oder schneller?

Welcher Effekt überwiegt, hängt von der Höhe des Satelliten ab. Beide Effekte können sich aufheben; dies ist der Fall bei einer Satellitenhöhe von 3200 Kilometern. Bei der Konstruktion von Navigationssatelliten müssen beide Effekte berücksichtigt werden.

Bei Bewegungen wird der Zeitverlauf umso langsamer, je schneller die Bewegung ist, und bei Lichtgeschwindigkeit bleibt die Zeit stehen. Gibt es bei der Gravitation ebenfalls Grenzen der Massenanziehung, bei denen die Zeit stehen bleibt?

Diese Grenzen gibt es in der Tat. Um sie zu beschreiben, betrachten wir die folgende Überlegung: Unsere Erde übt eine Anziehung auf unseren Körper aus, die wir durch unser Gewicht spüren. Könnten wir die Erde zusammenpressen wie eine Zitrone, so dass sich ihr Radius halbierte, würde sich unser Gewicht verdoppeln. Würden wir sie weiter verkleinern, würde unser Gewicht weiter anwachsen. Irgendwann würde die Anziehungskraft so groß, dass Mond und umgebende Asteroiden in den Sog der Erdanziehung gerieten und auf die Erde stürzten. Verkleinern wir noch mehr, wäre die Gravitation irgendwann so groß, dass sogar Licht angezogen würde und nicht mehr entkommen könnte. Die Erde wirkte von außen schwarz, man spricht von einem schwarzen Loch. Keine Masse, die in den Sog des schwarzen Körpers gerät, kann ihn je wieder verlassen, sie wird verschluckt.

Der deutsche Astrophysiker Karl Schwarzschild, Professor in Göttingen und später Direktor des Astrophysikalischen Observatoriums in Potsdam, berechnete als Erster den Radius, auf den man eine Materiekugel – zum Beispiel die Erde – zusammendrücken muss, damit ein schwarzes Loch entsteht. Diesen Radius, der sich für jeden Stern angeben lässt, bezeichnet man als «Schwarzschild-Radius». Für die Erde beträgt er 8,9 Millimeter, für die Sonne 2,8 Kilometer.

Schwarze Löcher gibt es im Universum in großer Zahl. Würden wir uns einem schwarzen Loch nähern, würde sich die Zeit immer mehr verlangsamen. Wenn wir es schließlich erreichen, bleibt die Zeit stehen. Allerdings werden wir das kaum nachprüfen können, denn jeder Astronaut, der sich einem schwarzen Loch nähert, würde von der ungeheuren Gravitation zerrissen, bevor er auch nur den Rand erreicht.

Es gibt noch andere Objekte im Weltraum, die die Zeit verlangsamen. So ist in der Nähe von Neutronensternen die Gravitation so hoch, dass die Zeit um 30 Prozent langsamer verläuft. Würden Sie sich dort 7 Jahre aufhalten, würden in dieser Zeit auf der Erde 10 Jahre vergehen. Dabei würden Sie gar nicht merken, dass die Zeit langsamer verläuft. Falls Sie auf die Erde schauen könnten, würden Sie verwundert feststellen, dass die Zeit dort wie im Zeitraffer beschleunigt abläuft. Alle Bewegungen wären schneller, die Lebenszeit von Mensch, Tier und Pflanze wäre aus Ihrer Sicht um 30 Prozent verkürzt, da die Lebensvorgänge schneller abliefen.

Dass die Zeit sich bei Gravitation verlangsamt, sieht man auch an der folgenden Überlegung: Ein Lichtstrahl (Photon) verlasse die Oberfläche eines Sternes oder der Sonne. Die Quantentheorie zeigt, dass die Energie eines Lichtquants

$$E = h\nu$$

ist, wobei ν die Frequenz des Lichtes ist, also die Zahl der

Schwingungen pro Sekunde. Nun bewirkt aber die Gravitation des Sterns, dass das Lichtquant zum Verlassen des Sterns Energie aufwenden muss, die von der Energie $E = h\nu$ abgezogen wird. Folglich verringert sich die Frequenz ν, es gibt weniger Schwingungen pro Sekunde, also: Die Zeit vergeht langsamer.

Gibt es Gleichzeitigkeit?

Wir sind Zeuge eines 100-Meter-Laufes. Die Läufer hocken gespannt am Startpunkt und warten auf den Schuss des Starters. Der Schuss fällt und die Läufer starten gleichzeitig.

Starten sie wirklich zur gleichen Zeit? Natürlich gibt es individuelle Unterschiede, der eine reagiert etwas schneller als der andere, aber diese Unterschiede bewegen sich im Millisekundenbereich. Wir wollen annehmen, dass bei diesem Start alle Läufer exakt zum gleichen Zeitpunkt starten. Wir haben Gleichzeitigkeit.

Würden wir die Startszene aus einem über dem Stadion fliegenden Flugzeug beobachten, so hätten wir dort bekanntermaßen eine andere Zeitmessung, da das Flugzeug in Bewegung ist. Die Rechnung ergibt, dass auch die Gleichzeitigkeit im Stadion aufgehoben ist. Würde das Flugzeug mit 1000 km/h über den Platz jagen, würde – aus dem Flugzeug beobachtet – erst der eine Läufer, dann der zweite usw. starten. Sie starten nacheinander. Allerdings ist die Zeitdifferenz so klein, dass man sie vernachlässigen kann. Für Läufer, die beim Start zehn Meter beim Start auseinanderstehen, betrüge die Zeitdifferenz

0,000000000003 Sekunden.

Gibt es Gleichzeitigkeit?

Könnten wir mit fast Lichtgeschwindigkeit fliegen, wäre die Zeitdifferenz nur unwesentlich größer. Bei einer Geschwindigkeit von 0,99 c (also 99 % der Lichtgeschwindigkeit) betrüge sie nur 0,0002 Sekunden.

Größer sind die Zeitdifferenzen, wenn die beiden gleichzeitigen Ereignisse weit voneinander entfernt sind. Nehmen wir an, dass zeitgleich auf der Erde und auf dem erdfernsten Planeten Pluto, mit einer Distanz von etwa 5,7 Milliarden Kilometern zur Erde, je eine Explosion mit großer Lichtemission stattfindet. Ein Beobachter, der mit 200 000 km/h durch den Weltraum rast, sieht erst die eine Explosion und etwa 4,6 Stunden später die andere. Hier ist die Zeitdifferenz von Ereignissen, die aus unserer Perspektive gleichzeitig ablaufen, offenbar sehr groß.

Roger Penrose beschreibt es in seinem Buch *Computerdenken* folgendermaßen: «*Selbst bei recht niedrigen Relativgeschwindigkeiten werden zwei weit voneinander entfernte Ereignisse beträchtliche Unterschiede in der zeitlichen Reihenfolge aufweisen. Stellen wir uns zwei Menschen vor, die auf der Straße langsam aneinander vorbeigehen. Auf der Andromeda-Galaxie (der nächsten, rund 20 000 000 000 000 000 000 Kilometer von unserer Milchstraße entfernten großen Galaxie) könnten die Ereignisse, die für die zwei Menschen gleichzeitig in dem Augenblick stattfinden, da sie einander gerade passieren, mehrere Tage auseinanderliegen. Für den einen der beiden Menschen ist die Raumflotte (der Andromedaner) bereits mit dem Ziel unterwegs, alles Leben auf dem Planeten Erde auszulöschen; hingegen ist für den anderen noch nicht einmal die Entscheidung gefallen, ob diese Flotte überhaupt aufbrechen soll.*»

Gleichzeitigkeit ist also nichts Absolutes, sondern hängt von der Beobachtungsposition ab. Der Grund ist, dass es keine für das gesamte Universum zuständige Uhr gibt, die an allen Orten die gleiche Zeit anzeigt. Zeit ist relativ.

Dass es im Mikrokosmos – im Bereich der Quantenphysik – dennoch so etwas wie Gleichzeitigkeit gibt, werden wir später sehen.

Bleibt die Kausalität erhalten?

Würde ich von der Erde aus auf dem Planeten Pluto per Funksignal eine Explosion auslösen, würde das Funksignal etwa 5 Stunden unterwegs sein, bis es auf Pluto eintrifft. Die Explosion würde also 5 Stunden später erfolgen und wäre eine Folge davon, dass ich auf der Erde per Knopfdruck das Funksignal auf die Reise schickte. Man sagt: Knopfdruck und Explosion hängen kausal zusammen. Das eine ist eine Folge des anderen.

Würde die Explosion zwei Stunden nach meinem Knopfdruck erfolgen, könnte sie nicht auf Grund meiner Aktion erfolgt sein, denn mein Signal kann zu diesem Zeitpunkt noch gar nicht eingetroffen sein. In diesem Fall würden beide Ereignisse nicht kausal zusammenhängen.

Ob zwei Ereignisse kausal zusammenhängen, lässt sich durch eine einfache Formel leicht berechnen. Zur Herleitung dieser Formel betrachten wir das folgende Beispiel:

Angenommen, ich befinde mich in der Wüste. Unabhängig von der gewählten Richtung kann ich mit der Geschwindigkeit von 5 Kilometern pro Stunde laufen. Auf meiner Uhr ist es genau 12 Uhr und mir ist bekannt, dass ein Freund, der die Wüste durchwandert, genau um 14 Uhr eine Oase passiert, die 15 Kilometer entfernt ist. Setzt er seine Reise fort, läuft er direkt in die Arme eines räuberischen Wüstenstammes. Vor dieser Gefahr muss ich ihn warnen.

Eine einfache Rechnung zeigt, dass es mir unmöglich ist,

Bleibt die Kausalität erhalten? 75

dies zu tun. Bis 14 Uhr kann ich nämlich höchstens 10 Kilometer weit wandern, die 15 Kilometer entfernte Oase also nicht erreichen. Eine allgemeine Überlegung ergibt: Ich kann nur die Wüstenwanderer beeinflussen und warnen, die in den nächsten t Stunden einen Punkt erreichen, der höchstens s Kilometer von mir entfernt ist, wobei s kleiner oder gleich 5t ist (5t ist nämlich die Stecke, die ich in den nächsten t Stunden schaffe). Also:

$$s \leq 5t.$$

Meine Möglichkeiten vergrößern sich, wenn mir ein Jeep zur Verfügung steht. Wenn dieser die maximale Geschwindigkeit v erreicht, kann ich in den nächsten t Stunden alle Punkte erreichen, die höchstens s Kilometer von mir entfernt sind mit

$$s \leq vt.$$

Alle Punkte außerhalb dieses Radius liegen außerhalb meiner Beeinflussungsmöglichkeit. Anders ausgedrückt: Ich kann die Zukunft aller Wüstenkarawanen beeinflussen, die in den nächsten t Stunden höchstens $s \leq vt$ Kilometer entfernt sind. Alles, was außerhalb dessen ist, ist kausal nicht beeinflussbar.

Wir übertragen diese Überlegung auf die Natur. Von jedem Punkt des Weltalls kann eine Umgebung kausal beeinflusst werden, deren Materieteilchen in den nächsten t Stunden höchstens die Strecke s entfernt sind mit

$$s \leq ct,$$

wobei c die größtmögliche Geschwindigkeit ist. Die größtmögliche Geschwindigkeit im Universum ist aber nach der Einstein'schen Relativitätstheorie die Lichtgeschwindigkeit. Alle Materieteilchen im Universum, die von mir aus gesehen höchstens die Entfernung s = ct haben, liegen innerhalb einer Kugel vom Radius s und sind die Teilchen, die in den nächsten t Stunden kausal von mir beeinflusst werden oder die mich beeinflussen können.

Anders gesagt: Alle Materieteilchen, die in den nächsten t Stunden außerhalb dieser Kugel liegen, sind von mir aus nicht beeinflussbar, sie liegen außerhalb meines Kausalitätsbereichs.

Diese Überlegung führt übrigens zu einem bis heute noch nicht gelösten Problem der Kosmologie. Kurz nach dem Urknall, also nach der Entstehung des Alls, gab es viele im Raum voneinander unabhängige Kausalitätsbereiche, die sich gegenseitig nicht beeinflussen konnten. Trotzdem ist das Universum erstaunlich homogen, so, als ob jeder Bereich des Alls jeden anderen kausal beeinflusst hätte.

Wie wir früher sahen, vergeht die Zeit langsamer, wenn ein System (z. B. eine Rakete) sich bewegt. Wenn nun zwei Ereignisse kausal zusammenhängen, indem das eine das andere verursacht, gilt dieser Zusammenhang unter der Voraussetzung, dass man sie von einer Rakete aus beobachtet, in der ja die Zeit anders verläuft?

Betrachten wir hierzu das folgende Beispiel: In einem Boxkampf streckt ein Boxer seinen Gegner nieder, indem er ihm einen Haken verpasst. Man beobachtet die folgenden Ereignisse:

1. den Haken des Boxers,
2. das Niedergehen des Gegners.

Bleibt die Kausalität erhalten?

Es ist klar, dass das Ereignis 2 eine Folge des Ereignisses 1 ist, die beiden Ereignisse also kausal zusammenhängen. Beide Ereignisse haben einen Abstand s von weniger als zwei Metern und die Zeitdifferenz t beträgt wenige Sekunden. Daher gilt mit Sicherheit s ≤ ct, was ja eine Voraussetzung für einen Kausalzusammenhang ist.

Wie registriert nun ein Astronaut die Vorgänge aus seiner Rakete? Gilt für ihn auch die kausale Reihenfolge Haken-Niedergehen oder könnte es sein, dass bei einer hohen Geschwindigkeit von fast Lichtgeschwindigkeit der Astronaut in seinem eigenen Zeitsystem erst das Niedergehen des Gegners und dann den Haken des Boxers sieht?

Man kann beweisen, dass für alle Ereignisse, für die s ≤ ct gilt, eine Kausalität in dem Sinne erhalten bleibt, dass auch ein in einer Rakete vorüberfliegender Astronaut die Reihenfolge der Ereignisse im Sinne der Kausalität erlebt, also in unserem Beispiel erst den Haken des Boxers und dann das Niedergehen des Gegners.

Für mathematisch Interessierte sei der Beweis geliefert: Es sei Δt die Zeitdifferenz zwischen dem Ereignis 2 (Niedergehen des Gegners) und Ereignis 1 (Haken des Boxers). Wenn Kausalität gilt, muss offenbar $\Delta t > 0$ sein, denn der Zeitwert des Ereignisses 2 ist größer als der Zeitwert von Ereignis 1. Ein vorbeifliegender Astronaut in der Rakete beobachtet ebenfalls beide Ereignisse. Da er eine andere Zeitmessung hat, gilt für ihn eine andere Zeitdifferenz, die wir $\Delta t'$ nennen. Wenn auch für ihn die Kausalität der Ereignisse gelten soll, muss ebenfalls $\Delta t' > 0$ gelten.

Die Spezielle Relativitätstheorie liefert für beide Zeitwerte die Formel

$$\Delta t' = \Delta t \sqrt{1 - (v/c)^2},$$

wobei v die Geschwindigkeit der Rakete ist. Wie man sieht, muss v kleiner oder gleich c sein. Andernfalls wird der Wurzelausdruck negativ und die Wurzel aus einer negativen Zahl ist (als reelle Zahl) nicht definiert. Mit s = vt und v ≤ c folgt: s ≤ ct als Voraussetzung für Kausalität, und es ist Δt' > 0.

Fünftes Kapitel

5. Vergangenheit und Zukunft

*Für uns gläubige Physiker
hat die Scheidung zwischen Vergangenheit,
Gegenwart und Zukunft nur die Bedeutung
einer wenn auch hartnäckigen Illusion.*
Albert Einstein

Da wir die Vergangenheit erleben, können wir sie auch beschreiben. Wie sieht es mit der Zukunft aus? Nicht wenige Menschen glauben, dass sich die Zukunft voraussagen lässt. Dies zeigt zumindest die Tatsache, dass Horoskope und Wahrsager Hochkonjunktur haben. Allein in den USA beziehen Zigtausende Sterndeuter, Kartenleger, Kaffeesatzleser usw. gutes Geld von ihren leichtgläubigen Kunden. Selbst Politiker wie zum Beispiel der ehemalige US-Präsident Ronald Reagan nahmen diese Dienste in Anspruch, wie Reagan in seinen Memoiren bekennt. Was hat es auf sich mit dem Schauen in die Zukunft? Handelt es sich bei den geschilderten Aktivitäten um Betrug, oder ist etwas daran?

Reisen in die Vergangenheit

Nehmen wir an, Sie hätten vor einigen Jahren ein Auto gekauft, mit dem Sie nur Ärger haben: Eine Reparatur schließt sich an die nächste an. Sie bereuen, dass Sie das Auto gekauft haben.

Nehmen wir weiter an, Zeitreisen in die Vergangenheit seien möglich. Dann wäre es sinnvoll, zu dem Zeitpunkt zurückzureisen, an dem Sie das Auto kauften, und den Kauf rückgängig zu machen. Wieder zurück in der Gegenwart, stellen Sie aufatmend fest, dass Sie das Auto nicht mehr besitzen.

Versetzen wir uns nun in die Zeit des Autokaufes. Damals erschien Ihr älteres Ich aus der Zukunft und hinderte Sie daran, das Auto zu kaufen. Also kauften Sie es nicht.

Demnach haben Sie das Auto nie besessen und die Zeitreise in die Vergangenheit, über die wir oben berichteten, hätte gar nicht stattzufinden brauchen. Es war nichts rückgängig zu machen.

Lässt man Zeitreisen in die Vergangenheit zu, treten vergleichbare Widersprüche in großer Menge auf. Am bekanntesten ist das Beispiel, dass jemand in die Vergangenheit reist und seine eigene Großmutter umbringt. Wenn aber die Großmutter keine Nachkommen hat, kann auch der Zeitreisende nicht existieren.

Die Vergangenheit steht also ein für allemal fest und lässt sich nicht mehr verändern. Sie existiert offenbar nur in einer Version, nämlich in derjenigen, die real vergangen ist.

Trotzdem gibt es immer wieder vereinzelte Physiker, die Zeitreisen in die Vergangenheit für möglich halten, ohne bisher über theoretische Ansätze hinausgekommen zu sein. Einer von ihnen ist Ronald L. Mallet, Professor an der Universität

Connecticut. 1955 starb sein Vater im Alter von 33 Jahren an einem Herzinfarkt, weil er zu exzessiv geraucht hatte und auch dem Alkohol nicht abgeneigt war. Als sein Sohn später den Roman *Die Zeitmaschine* von Herbert George Wells las, malte er sich aus, wie es wäre, wenn er mit einer solchen Maschine in die Vergangenheit reisen würde, um seinen Vater zu warnen. Später wurde er Physikprofessor und beschäftigt sich nun seit vielen Jahren mit Zeitreisen in die Vergangenheit, wobei er von der Allgemeinen Relativitätstheorie Einsteins ausgeht, in der Raum und Zeit gleichberechtigt sind. Die meisten Physiker halten allerdings Zeitreisen in die Vergangenheit prinzipiell für unmöglich.

Reisen in die Zukunft

Zeitreisen in die Vergangenheit sind also problematisch. Dagegen sind Zeitreisen in die Zukunft nach der Einstein'schen Relativitätstheorie ohne weiteres möglich, mit der Einschränkung, dass derjenige, der in die Zukunft reiste, nicht mehr zurückkann, denn das wäre ja eine Reise in die Vergangenheit.

Wie wir bereits in Kapitel 4 gesehen haben, braucht jemand, der in die Zukunft reisen will, nur eine hinreichend schnelle Rakete zu besteigen und einige Jahre durch den Weltraum zu jetten. Wie wir sahen, vergeht die Zeit bei hohen Geschwindigkeiten langsamer. Ist die Geschwindigkeit nahe der Lichtgeschwindigkeit und ist der Betreffende genügend lange unterwegs, kann er bei seiner Landung auf der Erde feststellen, dass hier viele Jahre vergangen sind, während er selbst lediglich ein oder zwei Jahre unterwegs war.

Würde ich etwa im Jahr 2010 mit einer Rakete in den Weltraum starten, die permanent mit der Geschwindigkeit von

290 000 Kilometern pro Sekunde fliegt, und laut meiner Borduhr nach 25 Jahren, also im Jahr 2035, wieder auf der Erde landen, würde man hier das Jahr 2110 schreiben. Ich wäre also in einer Zukunft gelandet, in der keiner meiner Freunde und Verwandten mehr lebt. Keiner der Lebenden würde mich kennen, für sie wäre ich ein Zeitenwanderer aus der Vergangenheit.

Diese Zahlen ergeben sich direkt aus den Formeln der Speziellen Relativitätstheorie Einsteins und sind real. Wie wir ebenfalls schon gesehen haben, ist das Erreichen einer so hohen Geschwindigkeit von 290 000 Kilometern pro Sekunde allerdings so gut wie unmöglich.

Trotzdem bleibt die Theorie richtig. Bei den Geschwindigkeiten, die wir erreichen können, ist die Zeitdifferenz allerdings so minimal, dass Zeitverzögerungen meist nur im Bereich von Millisekunden liegen.

Wurmlöcher

Wurmlöcher spielen eine wichtige Rolle in der Sciencefiction-Literatur. Besteigt man ein Wurmloch nahe der Erde, kommt man am anderen Ende unserer Galaxie wieder heraus. Eine Strecke von Tausenden von Lichtjahren überwindet der Heldenastronaut in wenigen Minuten. Gleichzeitig kann er dabei in der Zeit zurück- oder vorwärtsgehen und in ganz anderen Zeitaltern landen.

Wurmlöcher können – zumindest theoretisch – in einem gekrümmten dreidimensionalen Raum entstehen. Da wir uns einen dreidimensionalen gekrümmten Raum nicht vorstellen können, reduzieren wir das ganze Problem um eine, also auf zwei Dimensionen. Dazu betrachten wir die Oberfläche eines Apfels: gekrümmt und zweidimensional. Wollen wir als Wurm von einem Punkt der Apfeloberfläche zu einem anderen Punkt gelangen, müssen wir einen (für einen Wurm) eventuell langen Weg zurücklegen. Schneller geht es, wenn wir ein Loch durch den Apfel bohren und durch den Apfel hindurchkriechen. Zumindest ist die zurückzulegende Strecke dann kürzer. Wir haben ein Wurmloch geschaffen.

Übertragen auf drei Dimensionen unseres Weltraums bedeutet dies: Ein Wurmloch ist ein Loch im Weltraum, durch das man den Raum verlassen kann und wie durch einen Tunnel an anderer Stelle des Universums wieder herauskommt. Dort sind nicht nur die räumlichen Koordinaten anders, sondern man ist auch in einem anderen Zeitalter gelandet, also in der Vergangenheit oder in der Zukunft. Es ist im Prinzip die gleiche Konstruktion wie bei dem Apfel, nur dass wir uns in drei Raumdimensionen den Sachverhalt nicht vorstellen, sondern ihn nur beschreiben können.

Um es gleich zu sagen: Wurmlöcher sind zwar nach den Gleichungen der Allgemeinen Relativitätstheorie Einsteins möglich, jedoch ist es höchst zweifelhaft, ob sie existieren. Kip Thorne, der sich besonders intensiv mit dieser Materie beschäftigt, meint dazu: *«Wurmlöcher und Zeitmaschinen werden heute von den meisten Physikern abgelehnt.»*

Über Wurmlöcher gelangt man angeblich nicht nur in andere Bereiche des Universums, sondern auch in Paralleluniversen.

Was ist ein Paralleluniversum? Eine Ebene ist bekanntlich ein Gebilde mit zwei Dimensionen, die Mathematiker sprechen von einem zweidimensionalen Raum. Legt man zwei Ebenen übereinander – etwa zwei Blatt Papier im Abstand von einem Millimeter – könnten wir von zwei parallelen Räumen sprechen. Entsprechend könnten auch parallele dreidimensionale Räume existieren, die wir uns zwar nicht mehr vorstellen können, die aber mathematisch eingebettet in einem vierdimensionalen Raum leicht beschreibbar sind.

Gibt es eventuell Universen, die zu unserem Universum in diesem Sinne parallel sind? Einige Kosmologen halten das für möglich. Allerdings werden sie nie in der Lage sein, den Beweis der Existenz solcher Paralleluniversen anzutreten, so dass wir uns auch hier eigentlich im Bereich von Sciencefiction befinden.

Wie entstehen Wurmlöcher? Wir wissen, dass es im Universum schwarze Löcher gibt. Das sind Bereiche, in denen die Materiedichte so groß ist, dass infolge der starken Gravitation die Zeit langsamer verläuft. Im Innern gibt es einen Punkt mit unendlicher Dichte, in dem die Zeit stillsteht. In diesem als singulär bezeichneten Punkt verlieren die bekannten physikalischen Gesetze ihre Gültigkeit.

Im Jahr 1935 veröffentlichte Albert Einstein mit seinem Mitarbeiter Nathan Rosen eine Arbeit, in der sie nachwiesen, dass es diese singulären Punkte, an denen die Zeit aufhört, gar nicht gibt. Es gelang ihnen nämlich, mit einem mathematischen Trick – genauer: durch eine Koordinatentransformation – eine Formulierung für schwarze Löcher zu finden, in der die singulären Punkte nicht mehr existierten. Diese verwandelten sich durch die Koordinatentransformation in eine Brücke zwischen unserem Universum und einem Paralleluniversum. Die Verbindung wurde als «Einstein-Rosen-Brücke» bekannt.

Für Einstein war das alles nur eine mathematische Spielerei, eine Besonderheit der Mathematik. Er glaubte nicht daran, dass solche Brücken tatsächlich existieren. Ihr Nachweis basiert auf einer idealisierten Mathematik. Daher sollten wir Wurmlöcher nicht allzu ernst nehmen.

Aber selbst, wenn solche Brücken existieren sollten, bieten sie leider keine Gelegenheit, in ein Paralleluniversum hinüberzuwechseln. Dazu müssten Sie nämlich in ein schwarzes Loch einsteigen und würden dort erbarmungslos zermalmt. Außerdem sind solche Brücken zwischen Universen nur Bruchteile von Sekunden geöffnet. Diese Zeitspanne ist so kurz, dass in ihr nicht einmal das Licht hinübergelangen könnte. In diesem Zusammenhang wurden auch Wurmlöcher betrachtet, die von rotierenden schwarzen Löchern ausgehen. Hier ist die Wahrscheinlichkeit, dass ein Astronaut hindurchreisen kann, etwas größer.

Zusammengefasst kann man wohl sagen: Wurmlöcher sind eine interessante Spielerei mit den Gleichungen der Relativitätstheorie, aber ihre tatsächliche Existenz ist höchst zweifelhaft.

Zukunft und Determinismus

«Wenn es jemandem möglich wäre, für einen gegebenen Augenblick alle Kräfte zu kennen, von denen die Natur bewegt wird, ... nichts wäre mehr ungewiss für ihn und das Zukünftige wie das Vergangene wäre gegenwärtig vor seinen Augen.»

Dies sagte 1776 der Mathematiker Pierre Simon Laplace. Damals war die von Newton begründete Physik die neueste wissenschaftliche Erkenntnis. Nach dieser physikalischen Vorstellung leben wir in einem dreidimensionalen Raum, der absolut und starr vorgegeben ist. Darüber hinaus gibt es eine für alle verbindliche Zeit. Es ist so, als würde irgendwo im All eine geheimnisvolle Superuhr die Zeit vorgeben, die in allen Bereichen des Universums gilt. Die Zeit ist daher bei Newton absolut. In diesem raum-zeitlichen System – die Physiker sprechen von der Raum-Zeit – verläuft alles nach eindeutigen physikalischen Gesetzen, die man mathematisch exakt mit einfachen Gleichungen beschreiben kann. So gelang es Newton, Erdanziehung, Gravitation und die Anziehung der Sterne in einer geradezu genial einfachen Differentialgleichung darzustellen.

Diese Gleichungen gestatten es, den zukünftigen Verlauf eines Sternes oder eines Atoms – zumindest prinzipiell – exakt zu berechnen. Wenn wir aber alle zukünftigen Bewegungen vorherberechnen können, ist die Zukunft eindeutig determiniert. Die obige Aussage von Laplace wird verständlich.

Mehr noch: Alle Bewegungsabläufe im Universum und auf der Erde verlaufen nach eindeutigen physikalischen Gesetzen. Es ist wie bei einer Maschine, bei der alle Abläufe vorherbestimmt sind. Für Willensfreiheit gab es in diesem Weltbild keinen Platz. Alles war deterministisch vorgegeben.

Dieser vollkommene Determinismus konnte nicht ohne Wirkung auf andere Wissensgebiete bleiben. Wenn alles eine reine Funktion von Anfangsbedingungen ist, warum dann nicht auch der Mensch?

Setzten Voltaire und seine Zeitgenossen für das Uhrwerk des Kosmos als Schöpfer noch einen Uhrmacher voraus, legte Laplace ein bewusst atheistisches Bekenntnis ab, als er Napoleon auf die Frage, wo denn in seinem System Gott sei, antwortete: *«Sire, diese Hypothese habe ich nicht nötig gehabt.»*

Die Akzeptanz der materialistisch-deterministischen Denkform im 19. Jahrhundert ist nur zu gut verständlich: Hatten nicht all die neu erbauten Maschinen wie Dampfmaschinen, Elektromotoren, Pumpen und all die anderen Geräte das Leben in ungeheurer und nie erlebter Weise verändert und erleichtert und arbeiteten diese Maschinen nicht deterministisch? Wenn so bewunderte Gegenstände wie diese Maschinen nach deterministischen Regeln ablaufen, warum dann nicht auch der Rest der Welt?

In der deterministischen Denkweise ist also die Zukunft im Universum und auf der Erde eindeutig festgelegt. Ein imaginärer Supercomputer, der die Lage und die Energie aller Teilchen und Atome im Weltall kennt, kann prinzipiell jede Zukunft für alle Bereiche des Alls, für die Erde und für uns selbst vorausberechnen.

Das Ende des Determinismus

Im Jahre 1900 hielt Max Planck vor der Deutschen Physikalischen Gesellschaft in Berlin seinen berühmten Vortrag, mit der er das Ende des Determinismus einleitete. Er löste einige damals ungelöste Probleme, indem er annahm, dass die Lichtenergie gequantelt ist. Aus dieser Annahme, die die Stetigkeit in der Natur in Frage stellte, ergaben sich, wie die folgenden Jahre zeigten, revolutionäre Konsequenzen: die Quantentheorie. Sie besagt unter anderem, dass die Zukunft nicht eindeutig ist.

Wenn ich die Position eines Elektrons im Raum messen will, existiert vor der Messung lediglich eine Wahrscheinlichkeit, wo sich das Elektron möglicherweise aufhalten könnte. Die genaue Lage ist nicht fixiert, sie ist nicht nur unbekannt, sondern auch schlicht nicht vorhanden. Sie entsteht erst bei der Messung des Elektrons. Das Elektron «entscheidet» sich bei der Messung, welchen Ort von mehreren möglichen Orten es aufsuchen will. Dieser Ort ist also prinzipiell und grundsätzlich nicht vorhersagbar. Das klingt abstrus und widerspricht eindeutig unseren Erfahrungen, ist aber inzwischen von allen Physikern akzeptiertes Gedankengut.

Die Quantentheorie lehrt uns also, dass die Zukunft lediglich in Wahrscheinlichkeiten beschreibbar ist. Was wirklich passiert, ist von keinem noch so großen imaginären Supercomputer voraussagbar. Die Zukunft ist offen. Was eindeutig mit der Zeit voranschreitet, das ist die Wahrscheinlichkeit dessen, was passieren könnte. Diese wird eindeutig mathematisch beschrieben durch eine als Wellenfunktion bezeichnete Größe, die auf den Physiker Erwin Schrödinger zurückgeht. Was aber dann im Rahmen dieser Wahrscheinlichkeiten real passiert, ist offen und nicht vorhersagbar. Wir wissen es nicht und können es prinzipiell nicht wissen.

Die Physiker haben für den Messvorgang das folgende Bild. Wir nehmen der Einfachheit halber wieder ein Elektron, dessen Lage gemessen werden soll und könnten es auch durch andere Elementarteilchen ersetzen. Das Elektron wird zunächst durch eine Wellenfunktion beschrieben, die die Größe des Bereiches absteckt, in dem sich das Elektron befinden könnte. Dieser Bereich kann die Größe eines Fußballfeldes haben oder mehr. Es hat keine eindeutige Position. Erst der Messvorgang lässt die Wellenfunktion platzen und auf einen Punkt zusammenfallen. Genau an diesem Punkt befindet sich dann das Elektron. Dieser Punkt war auf keinen Fall vorhersehbar.

Diese Aussage gilt natürlich nur für Mikrovorgänge, also im Bereich des Atomaren. Die Makrovorgänge unseres täglichen Lebens setzen sich aus Milliarden von Mikrovorgängen zusammen. Das chaotische Verhalten der einzelnen Mikrovorgänge gleicht sich aus, so dass wir eine Welt erleben, in der eindeutige Aussagen über die Zukunft möglich erscheinen.

Manfred Lütz beschreibt in seinem Bestseller *Gott* diese Situation so: «*Die Hausordnung der Natur ist keineswegs so streng wie in einer Jugendherberge, wie man immer gedacht hat. Sie funktioniert erheblich liberaler, eher wie die Straßenverkehrsordnung in Italien, wo alles nur ‹quasi› gilt und wo eine rote Ampel eher eine Anregung ist, vielleicht mal stehen zu bleiben, wenn es sich so ergibt. Oder eher streng wissenschaftlich formuliert: Im atomaren Bereich funktioniert die Welt nicht deterministisch, sondern sprunghaft, quantensprunghaft.»*

Zukunft und Religion

Fast alle großen Weltreligionen machen Aussagen über die Zeit. Die drei monotheistischen Religionen glauben an einen Schöpfer, der das Universum erschaffen hat und in seine Schöpfung eingreifen kann. Dieser Schöpfer ist allmächtig und allwissend, was bedeutet, dass er Vergangenheit und Zukunft kennt. Zudem ist dieser Gott allgegenwärtig, also nicht im Raum befangen, sondern überall präsent. Er ist unabhängig von Raum und Zeit.

Dieses lässt sich nur so interpretieren, dass für den Schöpfer Vergangenheit, Gegenwart und Zukunft auf gleicher Stufe stehen. Für den, der die Welt aus der Position des Jenseits sieht, geschieht alles gleichzeitig, alles im Jetzt. Für christliche Philosophen des Mittelalters war das Jenseits das «nunc stans», das stehende Jetzt. In der christlichen Lehre wird dieses zeitlose Sein als «Ewigkeit» bezeichnet. Die Ewigkeit ist kein Zeitablauf, der nie endet, sondern ein zeitloses Sein.

Bereits vor 1600 Jahren schrieb der christliche Kirchenlehrer und Bischof Augustinus über Gott, für den Vergangenheit, Gegenwart und Zukunft zu einer Einheit verschwimmen, den Satz: *«Du aber bist der Immergleiche und alles Morgige und was noch ferner, und alles Gestrige und was noch weiter dahinten – heute wirst du es tun, heute noch hast du es getan.»*

All diese Vorstellungen stehen nicht im Widerspruch zum heutigen Stand der Naturwissenschaften.

Sechstes Kapitel

6. Zeit und Kosmos

Der Gedanke, Raum und Zeit müssten so sein,
wie sie uns erscheinen, ist Ballast,
der abgeworfen werden konnte.
Henning Genz

Der euklidische Raum

Zeit lässt sich nur durch Bewegung messen und erfühlen – durch Bewegung des Uhrzeigers, des Herzschlages oder der Sonne auf ihrer Bahn. Bewegung wiederum findet im Raum statt. Daher sind Raum und Zeit eng miteinander verbunden. Zeit ist ohne Raum nicht denkbar, woraus folgt, dass ein Buch über die Zeit auch auf den Raumbegriff eingehen muss.

Wir werden dabei feststellen, dass die Physik der letzten einhundert Jahre höchst überraschende Aussagen über den Raum formulieren konnte. Einige dieser Aussagen – insbesondere in der Quantenphysik – scheinen so abstrus zu sein, dass sie bis heute noch nicht voll verstanden werden. Aber der Reihe nach:

Bis vor hundert Jahren war die Welt der Physiker in Bezug auf den Raum noch in Ordnung. Danach leben wir in einem Raum, der drei Dimensionen besitzt, unendlich ausgedehnt ist und nach geometrischen Gesetzen strukturiert ist, die der Menschheit bereits seit der Antike bekannt sind. Euklid hatte diese Grundgesetze zu einem Gedankengebilde vereinigt, das als «euklidische Geometrie» in die Wissenschaftsgeschichte einging. Nach dieser Geometrie gilt zum Beispiel der Satz des Pythagoras. Es ist die Geometrie, die wir von der Schule her kennen.

Alle Gesetze der Physik spielen sich in diesem Raum ab. Das zumindest war die Auffassung des großen englischen Physikers Isaac Newton (1642–1726). Wir sprechen von der «Newton'schen Physik». In diesem physikalischen Weltbild verläuft die Zeit simultan für alle Punkte des Raums. Es ist so, als würde irgendwo im Weltraum eine Superuhr die Zeit vorgeben, die gleichzeitig für alle Punkte des Raumes gilt.

Für die meisten Anwendungen und Entwicklungen der Technik ist die Newton'sche Physik völlig ausreichend, aber – wie wir noch sehen werden – nicht für alle.

Einsteins Raum-Zeit

Albert Einstein hat zu Beginn des letzten Jahrhunderts Raum und Zeit in der Physik Newtons radikal in Frage gestellt. Dazu hatte er mehrere Gründe; einer davon war der Ausgang eines Experiments, das der amerikanische Physikprofessor Albert Abraham Michelson im Jahr 1880 durchgeführt hatte. Der Ausgang dieses Experimentes, auf das hier nicht näher eingegangen werden soll, war für die damalige Zeit völlig unverständlich. Er ließ sich nur damit erklären, dass die Lichtgeschwindigkeit im Vakuum überall und in jedem bewegten System immer gleich ist, nämlich etwa 300 000 Kilometer pro Sekunde beträgt.

Daraus wiederum ließ sich ableiten, dass es keine universale Uhr im Weltraum geben kann, die eine eindeutige Zeit für alle Punkte des Raumes anzeigt, wie Newton es noch annahm. Die Zeit ist relativ zu Geschwindigkeit und Materie. Dass die Zeit bei hoher Geschwindigkeit langsamer verläuft, haben wir im Kapitel 4 gesehen. Dass auch die Gravitation der Materie die Zeit verlangsamt, ist ebenfalls dort erörtert worden. Beide Aussagen sind Konsequenzen der Speziellen und der Allgemeinen Relativitätstheorie Einsteins.

Nach dieser Theorie bilden Raum und Zeit eine Einheit. Die Physiker sprechen von der Raum-Zeit. Raumlänge und Zeitdauer verändern sich in Abhängigkeit von der Geschwindigkeit und der umgebenden Materie.

Die gigantische Größe des Universums

In einem Gedankenexperiment besteigen wir eine Rakete und fliegen mit Lichtgeschwindigkeit immer geradeaus, wir verlassen also unser Sonnensystem. Hin und wieder geraten wir in das Gravitationsfeld eines Sterns. Nach etwa 70 000 Jahren stellen wir fest, dass die Zahl der Sterne immer mehr abnimmt und wir offenbar in einen leeren Raum geraten. Wir haben unser Sternsystem, die Milchstraße, verlassen.

Ähnlich, wie man von einem Zug aus in der Nacht sieht, wie das Lichtermeer einer Großstadt immer kleiner wird, sehen wir das Sternsystem, in dem unsere Sonne beheimatet ist, immer mehr zu einem kleinen Nebel zusammenschmelzen. Das Universum ist durchsetzt mit solchen Weltinseln, den Galaxien. Wie Inseln in einem Ozean existieren Galaxien im Weltraum, bestehend aus jeweils Millionen und Milliarden von Sternen.

Die Zahl der Sterne in unserer Galaxie, der Milchstraße, wird auf über 100 Milliarden geschätzt. Durch Gravitationsbewegung lässt sich die Masse einer Galaxie abschätzen. Unsere Galaxie enthält nach dieser Schätzung mindestens 1000 Milliarden Sonnenmassen. Die durch Licht beobachtbare Materie ist allerdings wesentlich geringer, so dass man annehmen muss, dass in unserer Galaxie mindestens zehnmal so viel Materie existiert, die nicht sichtbar ist. Diese als «dunkle Materie» bezeichnete Materie ist zurzeit Objekt kosmologischer Forschung.

Die Sterne der Milchstraße sind wahrscheinlich spiralförmig angeordnet, die Struktur ist die einer flachen Scheibe. Die Entfernungen der Sterne untereinander sind so beträchtlich, dass wir sie nur in Lichtjahren messen können. Wenn wir den Sternhimmel betrachten, schauen wir also stets in die Vergangenheit. Unser Sonnensystem liegt am Rande der Milchstraße, etwa 35 000 Lichtjahre vom Zentrum der Galaxie entfernt. Schauen wir vom Zentrum weg in den Raum, sehen wir nur die Sterne in der Nähe der Sonne. Schauen wir in Richtung Zentrum, sehen wir unzählige Sterne, die zu einem Lichtband verschmelzen. Dieses milchige Lichtband quer über den Nachthimmel gab unserer Galaxie ihren Namen. Sie ist spiralförmig. So, wie die Erde sich bewegt und rotiert, so rotiert und bewegt sich auch die Milchstraße, wobei eine Umrundung etwa 250 Millionen Jahre in Anspruch nimmt.

Um die Größe des Sternsystems Milchstraße, in dem unsere Erde zu Hause ist, zu veranschaulichen, stellen wir uns vor, ein Lichtstrahl sei zur Zeit von Christi Geburt, also vor 2000 Jahren, am Rand der Milchstraße emittiert worden und durchfliege diese in Richtung ihrer größten Ausdehnung. Dann hat dieser Strahl bis heute gerade erst 2 Prozent der Ausdehnung unserer Galaxie durchflogen.

*Abbildung 4: Elliptische Form einer Galaxie –
Spiralgalaxie NGC 3031 im Sternbild des Großen Bären.*

Wenn wir weiterreisen, werden wir für lange Zeit nur leeren Raum um uns haben. Es herrscht absolute Dunkelheit, die ewige Nacht des Kosmos. Nur mit Teleskopen können wir in weiter Ferne seltsam leuchtende Gebilde erkennen, die Galaxien. Der Kosmos besteht nämlich zum größten Teil aus leerem Raum. Galaxien sind seltene Gebilde, es ist fast ein Glücksfall, wenn wir an einer dicht vorbeifliegen.

Um einen Überblick über die Größenverhältnisse im All zu bekommen, verkleinern wir dieses im Maßstab 1:1 Milliarde.

Lassen wir die Zeit unverändert, entspricht jetzt einem Lichtjahr die Strecke von weniger als 10 000 Kilometern und die Lichtgeschwindigkeit beträgt etwa 30 Zentimeter pro Sekunde. Die Sonne ist nun ein Feuerball von etwa 1,40 Meter Durchmesser, umrundet von unserer Erde im Abstand von 150 Metern. Der Durchmesser der Erde beläuft sich auf ganze 1,2 Zentimeter. Der äußerste Planet Pluto hat einen Abstand von 6 Kilometern zur Erde. Dahinter kommt ein ungeheuer leerer Raum, denn der nächste leuchtende Stern liegt auch jetzt noch – nach der Verkleinerung auf ein Milliardstel der tatsächlichen Ausdehnung – 43 000 Kilometer entfernt. Bis zu einer Entfernung von 140 000 Kilometern gibt es nur 20 weitere leuchtende Sterne.

Um die Größenordnungen in unserer Galaxie überblicken zu können, verkleinern wir erneut und zusätzlich im Maßstab 1:1 Million. Die Ausdehnung unserer Milchstraße entspricht nunmehr in grober Abschätzung einem Raum, der entsteht, wenn man über der Fläche Deutschlands eine Höhe von 20 bis 50 Kilometern abträgt. 100 Milliarden Sterne füllen diesen Raum aus, wobei der mittlere Abstand zwischen zwei Sternen etwa 50 Meter beträgt. Irgendwo über Bayern, Sachsen oder dem Saarland befindet sich unsere Sonne mit einem Durchmesser von weniger als 0,002 Millimetern. Das gesamte Sonnensystem hat einen Durchmesser von 12 Millimetern und die Erde ist kaum zu erkennen. Ein Lichtjahr ist jetzt zehn Meter lang. Die nächste Galaxie, der Andromeda-Nebel, ist 20 000 Kilometer entfernt, also – um im Bild zu bleiben – irgendwo in Australien.

Verkleinern wir nochmals im Maßstab 1:1 Million, so entspricht einem Lichtjahr die Länge von 0,01 Millimetern. Die Milchstraße schrumpft zu einem nebelförmigen Gebilde von 80 Zentimeter Durchmesser. Unser Sonnensystem verschwindet irgendwo in diesem Nebel und ist wegen seiner Kleinheit nicht mehr auszumachen. Die Sterne haben als winzige Punkte einen mittleren Abstand von 0,05 Millimetern. Die nächste Galaxie ist jetzt 20 Meter entfernt. Weitere Galaxien sind zum Beispiel Virgo mit 730 Meter Entfernung und die Galaxie Ursa Major mit 38 Kilometer Entfernung. Alle diese Weltinseln bewegen und drehen sich im Raum. Wir selbst können nur 190 Kilometer in den Raum hineinsehen, was dahinterliegt, bleibt unsichtbar.

Die Modellierung des Weltalls durch Verkleinern, wie wir es oben durchgeführt haben, ist physikalisch gesehen etwas verzerrt. Denn im verkleinerten All müsste, wenn es ein Abbild des Originals sein soll, die Lichtgeschwindigkeit unverändert 300 000 km/s betragen. Da wir die Entfernungen (km) verkürzen, müssten wir das auch für die Zeit (s) durchführen. Das bedeutet: Neben der Länge verkleinern wir auch die Zeit. Andernfalls verhält es sich nämlich so, als würde man bei einem Foto die Breite verkürzen, nicht aber die Länge, mit dem Ergebnis, dass das Bild verzerrt wäre.

Der Vollständigkeit halber wollen wir daher nachtragen, wie sich in den obigen Modellen die Zeiten verändern, wenn wir fordern, dass die Lichtgeschwindigkeit unverändert bleiben soll. Bei der ersten Verkleinerung im Maßstab 1:1 Milliarde würde die Zeit sich so verkürzen, dass ein Jahr lediglich 0,03 Sekunden dauert. Das Weltall wäre dann etwas mehr als ein Jahr alt. Bei dem zweiten Verkleinerungsmodell ist das All nur 6 Minuten alt und im dritten Fall gar nur 0,0003 Sekunden oder 0,3 Millisekunden.

Wenn wir die Verteilung der Galaxien beobachten, fällt es auf, dass sie in Gruppen angeordnet sind und zwischen diesen Gruppen leere Räume mit Durchmessern von Millionen von Lichtjahren liegen. Solche Gruppen umfassen 10 bis 20 Galaxien. Gruppen, die Hunderte oder Tausende von Galaxien enthalten, bezeichnen die Astronomen als Haufen. Viele Haufen füllen einen kugelförmigen Bereich aus, andere bilden eher so etwas wie Klumpen. Haufen wiederum sammeln sich zu Superhaufen.

Wie alt ist das Universum?

Der Amerikaner Edwin P. Hubble war bereits erfolgreicher Jurist und Boxer, als er sich entschloss, Astronom zu werden. In den zwanziger Jahren des letzten Jahrhunderts arbeitete er in dem bekannten Observatorium auf dem Mount Wilson, wo er einer Vermutung nachging, die schon früher geäußert worden war, nach der die Galaxien sich von uns fortbewegen.

Eine Lichtquelle, die sich von uns fortbewegt, erscheint rötlich. Die Physiker sprechen von einer Rotverschiebung. Diese Rotverschiebung stellte Hubble (und sein Kollege V.M. Sliper) bei Galaxien im Weltraum fest. Also bewegen sich alle Galaxien von uns fort. Hubble fand die Beziehung

Fluchtgeschwindigkeit = H × Entfernung,

wobei H eine feste Zahl (Hubble-Konstante) ist.

Hieraus kann man ableiten, dass die Fluchtgeschwindigkeiten umso größer sind, je weiter die Galaxien von uns entfernt sind.

Wenn sich aber alles von uns fortbewegt, muss logischerweise alle Materie einmal in einem Punkt, dem Ausgangspunkt, vereinigt gewesen sein. Das war der Fall zu einem Zeitpunkt, als das Weltall geboren wurde, dem Urknall. Aus den Fluchtgeschwindigkeiten lässt sich nun leicht errechnen, wann das gewesen sein muss. Man erhält etwa 13,7 Milliarden Jahre. Vor 13,7 Milliarden Jahren begann die Zeit.

Die Entwicklung des Universums vom Urknall bis zum heutigen Tag ist die Entwicklung von einfachster Materie über lebende Pflanzen und Tiere mit Bewusstsein bis hin zum Menschen mit seinen kognitiven Fähigkeiten, also eine Entwicklung von einfachsten Formen bis zur höchsten Komplexität. Die einzelnen Schritte, die zu dieser Komplexität der Materie führten, scheinen zum Teil ungeheure Zufälle gewesen zu sein. Wäre nur einer dieser Zufälle ausgeblieben, würde es uns heute nicht geben.

Bevor wir uns im nächsten Abschnitt näher mit diesen Zufällen beschäftigen, wollen wir im Zeitraffer zusammenfassen, was bisher geschah.

Wir komprimieren die gesamte Entwicklung vom Urknall bis heute auf ein Jahr. Jeder Monat entspricht dann ungefähr einer Milliarde Jahre. Am 1. Januar um 0 Uhr entstehen Raum, Zeit und Materie im Urknall. Der Raum enthält einen Urstoff, die Strahlung, die mit ungeheurer Energie, Temperatur und Dichte den Raum ausfüllt. Schon in der ersten Sekunde entstehen hieraus die Elementarteilchen der Materie und bald darauf die ersten leichten Atome wie Wasserstoff und Helium. Ende Januar bilden sich die ersten Galaxien. In den nächsten Monaten verbrennt in Sternen Wasserstoff zu Helium, später zu Kohlenstoff. In den größten Sternen bilden sich die höherwertigen chemischen Elemente, die in einer gewaltigen Supernova-Explosion in den Raum gespuckt werden, wo sie sich zu Planeten und Sternen verdichten.

Mitte August entsteht auf diese Art unser Sonnensystem. Innerhalb eines Tages befindet sich die Sonne in dem Zustand, in dem wir sie noch heute vorfinden. Mit einer Temperatur von 6000 Grad strahlt sie Energie in den Raum und erwärmt die Planeten.

Die ersten Spuren von Leben, nämlich fossile Einzeller, sind bereits Mitte September vorhanden. Bis November bilden sich in den irdischen Gewässern nacheinander Algen, Pflanzen und die ersten Wassertierarten. Erst Mitte Dezember besiedeln die ersten Pflanzen das trockene Land, aber schon am 20. Dezember sind die Kontinente mit Wald bedeckt und es entsteht eine sauerstoffhaltige Atmosphäre. Am 22. Dezember werden aus Fischen die ersten Landtiere, woraus sich die Reptilien entwickeln. Am 25. Dezember erscheinen die ersten Säugetiere. Am 29. Dezember abends beginnt die Auffaltung der Alpen und in der Nacht zum 31. Dezember spalten sich die Hominiden von dem Zweig, der zu den heutigen Affen führt. Etwa 15 Minuten vor Mitternacht dieses 31. Dezember entsteht der moderne Mensch in Afrika und 5 Sekunden vor Mitternacht wird Jesus Christus geboren.

Hat die Zeit ein Ende?

Im Jahr 1887 setzte der schwedische König Oscar II. einen Preis in Höhe von 2500 Kronen aus für die Beantwortung der Frage: «*Ist das Sonnensystem stabil?*» In dieser Frage verstecken sich ganz offensichtlich viele andere: Wird die Erde eines Tages in die Sonne stürzen, weil ihre Umlaufgeschwindigkeit sinkt? Oder entweicht sie möglicherweise in den Weltraum, weil das gesamte Sonnensystem auseinanderfliegt? Oder wird sie ewig die Sonne umkreisen?

In der Vergangenheit wurden immer wieder Beweise zur Stabilität des Sonnensystems präsentiert, so von Laplace, Lagrange und Poisson. Diese Beweise krankten aber alle daran, dass sie die Stabilität von Modellen bewiesen, die lediglich Näherungen zum Sonnensystem darstellten. Wenn ein Modell stabil ist, braucht es aber das Original noch lange nicht zu sein.

Der Mathematiker Henri Poincaré (1854–1912), Professor in Paris und Vetter von Raymond Poincaré, dem französischen Staatspräsidenten während des Ersten Weltkriegs, griff die Frage des schwedischen Königs nach der Stabilität des Sonnensystems auf. Es gelang ihm zu zeigen, dass es prinzipiell unmöglich ist, diese Frage wissenschaftlich zu beantworten. Die Mathematik verfügt nicht über die dafür notwendigen formalen Hilfen; auch zukünftige mathematische Forschung wird hieran nichts ändern.

Poincaré erhielt für seine umfangreichen Arbeiten auf diesem Gebiet den von Oscar II. ausgesetzten Preis und begründete damit die Chaostheorie.

Heute wissen wir, dass die Sonne sich eines Tages zum roten Riesen aufblähen wird, wenn der Wasserstoff der Sonne zu Helium verbrannt ist und das Helium zu Kohlenstoff fusioniert. Die Sonne wird so groß werden, dass sie die Erde verschluckt. Glücklicherweise dauert das noch einige Milliarden Jahre.

Für die Erde und für die Menschheit – falls es sie dann noch geben sollte – endet damit die Lebenszeit. Wie aber sieht es mit der Lebenszeit des Kosmos aus?

Bis vor 20 Jahren glaubten die Kosmologen, dass das Weltall entweder ewig expandieren oder irgendwann wieder kollabieren wird. Im letzteren Fall würde die Zeit ein Ende finden. Welcher der beiden Fälle eintritt, hängt von der Materiedichte im All ab; diese aber lässt sich heute noch nicht exakt genug bestimmen, um eine Entscheidung darüber möglich zu machen.

Seit den 1990er Jahren wissen wir jedoch von der Existenz einer bis dato nicht bekannten Energieform, der dunklen Energie. Sie bewirkt eine zusätzliche Beschleunigung der Expansion, so dass wir davon ausgehen müssen, dass sich das Universum in der Unendlichkeit des Raumes auflösen wird. Demnach scheint die Zeit zwar einen Anfang, aber kein Ende zu haben.

Die ungeheuren Zufälle im Universum

Angesichts der gegebenen Naturgesetze versteht sich die Entwicklung vom Urknall bis heute keineswegs von selbst. Das gilt insbesondere für die Entstehung des Lebens. Immer wieder gab es ungeheure Zufälle, die die Entwicklung erst möglich machten. Einige dieser Zufälle seien im Folgenden beschrieben.

Würde man Materie und Energie der Sterne im Weltall gleichmäßig im Raum «verschmieren», so erhielte man eine mittlere Dichte von ungefähr $4{,}7 \times 10^{-30}$ Gramm pro Kubikzentimeter. Die Materie übt wie alle Materie eine Anziehungskraft (Gravitation) aus, welche letztlich die Expansion des Alls bremst. Es ist wie bei einem Gummiband, welches man auseinanderzieht.

Je größer die Materiedichte, desto höher die Bremskraft der Gravitation. Wäre die Materiedichte sehr groß, würde das All in seiner Expansion so stark gebremst werden, dass es nach einiger Zeit wieder kollabierte. Damit wäre die Lebenszeit des Alls möglicherweise zu kurz, um Leben – etwa auf der Erde – entwickeln zu können. Ist dagegen die mittlere Materiedichte zu gering, würde das All so schnell expandieren, dass sich keine Galaxien und Sterne bilden könnten. Auch dann wäre Leben unmöglich.

Die Materiedichte muss also nach dem Urknall einen bestimmten Wert besitzen, damit zu einem späteren Zeitpunkt Leben möglich wird. Wie groß ist dieser Wert? Die Kosmologen können ihn ziemlich genau berechnen. Es ist der Wert, bei dem das All nicht mehr kollabiert, aber die Bremskraft so eingestellt ist, dass nach unendlich langer Zeit die Expansionsgeschwindigkeit zu null wird. Die Kosmologen bezeichnen diesen Wert als die kritische Dichte. Er liegt bei $4,7 \times 10^{-30}$ Gramm pro Kubikzentimeter.

Wie weit darf die exakte mittlere Materiedichte von diesem Wert abweichen, damit auf einem Planeten wie der Erde Leben entstehen kann? Die Berechnungen sagen: eine Sekunde nach dem Urknall um höchstens

0,000000000000001 Gramm pro Kubikzentimeter.

Jede größere Abweichung davon hätte die Entstehung von Leben unmöglich gemacht.

Hat sich dieser Wert tatsächlich durch Zufall eingestellt? Es hat eher den Anschein, als wäre das Universum bereits mit den richtigen Werten geboren worden.

Viele andere Größen wie die Kernkräfte in den Atomen, die elektrischen Kräfte usw. unterliegen den gleichen strikten Beschränkungen, wenn Leben entstehen soll. Weicht nur ein Wert zu stark ab, wäre ein totes Universum entstanden ohne jedes Leben. Leben entstand durch eine Feinabstimmung im All. Wie das Ändern nur einer Note eine Melodie zerstören kann, würden gewisse Änderungen in den Naturkonstanten diese Feinabstimmung zerstören. Die Kosmologen sprechen vom anthropischen Prinzip, welches besagt, dass das All so konzipiert ist, dass zwangsläufig Leben entstehen musste.

Parallelwelten und Multiversen

Des Öfteren wird argumentiert, dass es viele – vielleicht sogar unendlich viele – Universen geben könnte, in denen die Naturkonstanten alle möglichen Werte annehmen können. Man spricht von Multiversen. Fast alle davon sind Totgeburten in dem Sinne, dass es in ihnen kein Leben gibt. Wir leben in einem Universum, in dem zufällig die richtigen Werte gegeben sind, damit Leben entstehen kann.

Des Weiteren wird argumentiert, dass die Existenz von Multiversen und Parallelwelten weder der Relativitätstheorie widerspricht noch sonstigen wissenschaftlichen Argumenten. Dies ist absolut richtig. Daraus entsteht dann manchmal der Eindruck, dass solche Konstrukte mit hoher Wahrscheinlichkeit existieren.

Dazu Albert Einstein: «*Wer da nämlich erfindet, dem erscheinen die Ereignisse seiner Phantasie so notwendig und naturgegeben, dass er sie nicht für Gebilde des Denkens, sondern für gegebene Realitäten ansieht und angesehen wissen möchte.*»

Die Frage mag erlaubt sein, ob Multiversen, die ganz eindeutig Gebilde der Phantasie und existentiell nicht beweisbar sind, nicht in die von Einstein beschriebene Kategorie gehören.

Der Astrophysiker Brian Schmidt, der einer der Entdecker der beschleunigten Expansion des Universums ist und dafür 2011 den Nobelpreis für Physik erhielt, erklärte in einem Interview (FAZ vom 7.12.2011) zum Thema Multiversen: «*Ich weigere mich, auf naturwissenschaftlichem Gebiet Vermutungen über Dinge anzustellen, die ich nicht nachprüfen kann. ... Wer an Multiversen-Theorien arbeitet, aber nicht glaubt, dass man sie je wird nachprüfen können, ist kein Naturwissenschaftler.*»

Siebtes Kapitel

7. Spukhafte Gleichzeitigkeit

Die Zeit verhindert,
dass alles gleichzeitig geschieht.
Redeweise, unbekannter Autor

Kartenzauber im Mikrokosmos

Nehmen wir an, Sie sitzen in München an einem Tisch und haben einen gewöhnlichen Würfel vor sich. Zur selben Zeit befindet sich in New York in einem Raum ebenfalls ein Tisch mit einem Würfel. Dieser Raum ist menschenleer.

Sie würfeln in München und es fällt die Sechs. Gleichzeitig bewegt sich wie von Geisterhand der Würfel in New York und liefert ebenfalls eine Sechs. Wenn Sie anschließend die Drei werfen, geschieht zum selben Zeitpunkt genau das auch in New York.

«So etwas gibt es nicht», werden Sie sagen, und Sie haben natürlich recht. Das gibt es höchstens in Sciencefiction-Romanen oder in Märchen, nicht aber in der Wirklichkeit.

Mit einer wesentlichen Einschränkung: Das gibt es nicht in der von uns wahrgenommenen Welt, wohl aber im Mikrokosmos. Die beiden Würfel – in diesem Falle sind es Photonen – dürfen dabei sogar Lichtjahre voneinander entfernt sein. Die

Wissenschaftler sprechen von verschränkten Photonen; wenn das eine Photon sich durch Messung verändert, geschieht genau dasselbe zum gleichen Zeitpunkt beim anderen. Hier haben wir es mit echter Gleichzeitigkeit zu tun.

Albert Einstein bezeichnete dieses Phänomen als «spukhaft» und glaubte nicht daran. Später wurde der Beweis erbracht, dass Gleichzeitigkeit in diesem Sinne tatsächlich existiert.

Um das Phänomen verstehen zu können, müssen wir ein wenig in die Quantenphysik einsteigen.

Kamelefanten im Zoo oder Die Unschärferelation

Ein Auto fahre auf der Autobahn exakt 100 Kilometer pro Stunde. Wenn ich weiß, dass es um 17 Uhr an der Ausfahrt Köln-Mühlheim vorbeifährt, kann ich genau berechnen, wo es sich um 17.15 Uhr befindet. Kenne ich Ort und Geschwindigkeit, kann ich berechnen, wann das Auto wo sein wird und wann es vorher an einem bestimmten Ort war.

Lage und Geschwindigkeit sind demnach Größen, die ein System (hier das Auto) determinieren. Die Physiker betrachten statt der Geschwindigkeit oft den Impuls, das ist die mit der Masse des Systems multiplizierte Geschwindigkeit. Lage und Impuls bezeichnen wir als Variablen, die das System beschreiben. Jedes System unserer Umwelt lässt sich durch Variablen festlegen und berechnen.

In der ersten Hälfte des letzten Jahrhunderts entbrannte unter den Physikern ein Streit, ob diese Aussage auch im Mikrokosmos – also zum Beispiel auf atomarer Ebene – gilt. Werner Heisenberg hatte nämlich 1927 seine berühmte Unschärferelation formuliert, die eine Grenze des exakt Messbaren darstellt.

Kamelefanten im Zoo oder Die Unschärferelation 113

Der Quantenphysiker Werner Heisenberg litt stark unter Heuschnupfen. Daher besuchte er in der Zeit der Vollblüte, wenn dieses Leiden sich besonders bemerkbar machte, gerne die Insel Helgoland, auf der es nur wenige Blütenpollen gibt. In einem solchen Urlaub dachte er bei einem Spaziergang darüber nach, inwieweit es möglich sei, Vorgänge im atomaren Bereich exakt zu messen. Atomkerne sind so klein, dass man sie unmöglich sichtbar machen kann. Gibt es irgendeine Möglichkeit, ihre Energie, ihren Impuls und anderes im atomaren Bereich exakt zu messen? Er fand heraus, dass es eine untere Grenze der Messbarkeit gibt, die prinzipiell nicht unterschritten werden kann, und formulierte seine berühmte sogenannte Heisenberg'sche Unschärferelation. Aus ihr ergibt sich, dass zum Beispiel die kleinste messbare Länge 10^{-34} Meter beträgt. Alles, was darunter ist, ist nicht messbar.

Zur Erläuterung betrachten wir folgendes Beispiel: Nehmen wir an, ein winzig kleines Teilchen (z.B. Elementarteilchen) soll vermessen werden. An welcher Stelle befindet es sich und mit welcher Geschwindigkeit bewegt es sich fort? Um seine Lage zu fixieren, könnten wir es einem Lichtstrahl aussetzen und aus dem reflektierten Licht auf seine Lage schließen. Licht besteht aus Photonen, also kleinen Teilchen. Wenn die Photonen auf das zu messende Teilchen auftreffen, werden sie diesem Energie abgeben und seine Lage und Geschwindigkeit verändern. Das ist so, als würde ich einen Luftballon mit Tennisbällen bewerfen. Die Tennisbälle werden Flugrichtung und Lage des Ballons mit Sicherheit verändern.

Heisenberg zeigte, dass es unmöglich ist, im Mikrokosmos Lage und Impuls aus den oben erwähnten Gründen exakt zu messen. Entweder erfasst man die Lage eines Elementarteilchens sehr genau, dafür aber den Impuls nur ungenau, oder umgekehrt. Seine berühmte Unschärferelation lautet:

$$\Delta x \times \Delta p = h,$$

wobei h eine feste Zahl ist (das Planck'sche Wirkungsquantum, genau genommen steht dort $h/2\pi$). Hier ist Δx die Ungenauigkeit in der Messung der Lage x und Δp die Ungenauigkeit bezüglich des Impulses p (d.h. der Geschwindigkeit). Wie man sieht, wird Δx sehr klein, wenn Δp groß ist, und umgekehrt.

Wie verhält sich die Natur nun unterhalb dieser Unschärferelation? Die einfachste Annahme lautet, dass sie sich genauso verhält wie im Großen, also im Makrokosmos. Demnach wären Elementarteilchen ebenfalls durch Variablen bestimmt, nur sind wir aus physikalischen Gründen nicht in der Lage, diese Variablen zu messen. Das Szenario ist zu winzig, als dass wir mit hinreichender Genauigkeit Geschwindigkeit und Lage messen können. Man spricht von verborgenen oder versteckten Variablen.

Allerdings gab es schon sehr früh Physiker, die dieser Interpretation widersprachen. Aus mehreren Gründen, auf die hier nicht eingegangen werden soll, glaubten sie, dass es im Mikrokosmos keine verborgenen Variablen gibt, sondern dass sich die Natur hier völlig anders verhält. Die Vorstellung war, dass sich jedes Elementarteilchen wie eine Welle ausbreitet; bei einem Messvorgang zerplatzt diese Welle und fällt auf einen Punkt zusammen. Dieser Punkt ist dann die Lage des Teilchens. Lage und auch Impuls werden also erst beim Messen geschaffen und sind vorher in dieser Form gar nicht vorhanden. Werner Heisenberg schrieb 1927 in der *Zeitschrift für Physik* über die Elektronenbahn im Atom: «*Die Bahn entsteht erst dadurch, dass wir sie beobachten.*»

Nehmen wir als Beispiel ein Elektron. Wir messen es und erhalten einen bestimmten Ort, wo es sich aufhält. Danach geht es in eine Welle über, die sich ausbreitet. Diese kann so groß werden wie ein Fußballplatz oder größer. Erst bei der nächsten Messung platzt die Welle und fällt auf einen Punkt zusammen. Dieser ist dann der gemessene Ort des Elektrons bei der zweiten Messung. Wo dieser Ort genau ist, lässt sich vorher nicht bestimmen. Man kann den Ort des Elektrons lediglich mit Wahrscheinlichkeiten beschreiben. Von einer Flugbahn wie etwa bei einem geworfenen Ball kann also keine Rede sein.

Diese Vorstellung war indes so abenteuerlich, dass viele Physiker nicht bereit waren, sie zu akzeptieren. Der prominenteste Zweifler war Albert Einstein, der an die verborgenen Variablen glaubte. Immer wieder führte er Beispiele an, die die Heisenberg'sche Vorstellung ad absurdum führen sollten. Allerdings gelang es ihm nie, die Anhänger der neuen Interpretation zu überzeugen. 1944 schrieb er an den Göttinger Physiker Max Born: «*Du glaubst an den würfelnden Gott und ich an die volle Gesetzlichkeit in einer Welt von etwas objektiv Seiendem, das ich auf wild spekulativem Wege zu erhaschen suche.*»

Eine erste Klärung erfolgte 1966, als John Stewart Bell, ein Physiker der Universität Wisconsin, der vorübergehend im Kernforschungszentrum CERN in Genf arbeitete, in der Zeitschrift *Reviews of modern Physics* einen Artikel veröffentlichte. Er beschrieb darin ein hypothetisches Experiment, welches die Entscheidung herbeiführen könnte, ob Bohr oder Einstein recht habe. Den Ausgang des Experimentes berechnete er zum einen klassisch, zum anderen mit Voraussetzungen der Quantentheorie und erhielt verschiedene Ergebnisse. Die Durchführung des Experimentes würde also entscheiden, ob Messgrößen erst bei der Messung entstehen oder verborgen schon vorher vorhanden sind.

Etwas abgewandelte Experimente wurden immer wieder durchgeführt, allerdings auch angezweifelt. Erst in den achtziger Jahren benutzte Alain Aspect in Paris einen Versuchsaufbau, der zweifelsfrei die Bohr-Heisenberg'sche Auffassung der Quantentheorie nachwies, wonach es keine verborgenen Variablen gibt und somit Einstein im Irrtum war.

Das Ergebnis: Lage und Impuls im Mikrokosmos werden erst zum Zeitpunkt der Messung geschaffen. Vor der Messung existieren nur Wahrscheinlichkeitsaussagen über das Verhalten der Teilchen, die Realität entsteht durch die Messung.

Ein einfaches Beispiel möge das verdeutlichen. Stellen Sie sich vor, Sie wären im Zoo und es gelten die Gesetze des Mikrokosmos. Das heißt, alle Gegenstände sind wie bei Wellenbewegungen verschwommen. Wenn Sie nach links schauen, sehen Sie ein Kamel, und wenn Sie nach rechts schauen, einen Elefanten. Schauen Sie aber geradeaus, sehen Sie eine Mischung, ein Kamelefant. Alles geht ineinander über, nichts ist eindeutig lokalisiert, überall sind Mischungen des Vorhandenen. Eindeutigkeiten gibt es nicht.

Diese entstehen erst beim Messvorgang eines Beobachters, der in einer übergeordneten Welt lebt. Wenn dieser wissen will, welche Tiere im Zoo leben, macht er eine Messung. Bei dieser Messung «entstehen» aus dem unbestimmten Nebel des Vorhandenen eindeutig identifizierbare Tiere. Mischungen wie Kamelefanten sind ausgelöscht. Der Messvorgang schafft aus dem Wellenartigen eindeutige Existenzen. Der Zoo mit seinen Eigenschaften entsteht durch die Beobachtung.

Verschränkte Teilchen

Nunmehr können wir uns dem zuwenden, was Albert Einstein als «spukhaft» beschrieb und ablehnte.

Zwei Photonen, also Lichtteilchen, die von einem Atom in

verschiedene Richtungen ausgesandt werden, können «verschränkt» sein. Dieser Begriff wurde erstmals 1935 von Erwin Schrödinger eingeführt. Er bedeutet, dass beide Teilchen sich gegenseitig bedingen.

Dies sei genauer erläutert. Lichtteilchen besitzen eine bestimmte Schwingungsebene, die Polarisation. Physikalische Erhaltungssätze fordern, dass die Polarisationen verschränkter Photonen stets senkrecht aufeinanderstehen. Nun ist aber, wie wir im letzten Abschnitt sahen, ein Messwert – und mithin auch die Polarisation – vor einer Messung völlig unbestimmt. Erst zu dem Zeitpunkt, wo wir die Polarisation eines der Teilchen messen, «entscheidet» sich das Teilchen, welche Polarisation es einnehmen will. Und jetzt geschieht das, was Albert Einstein als «spukhaft» bezeichnete: Das zweite Teilchen ist nunmehr gezwungen, eine Polarisationsrichtung einzunehmen, die zur gemessenen senkrecht steht, um physikalisch korrekt zu bleiben. Seine Polarisationsrichtung entsteht also im selben Augenblick. Und dies gilt auch dann, wenn die beiden Teilchen bereits riesige Strecken voneinander entfernt sind.

Man stelle sich vor: Zwei verschränkte Photonen wurden vor Jahren irgendwo im Universum ausgesandt. Sie sind bereits Lichtjahre voneinander entfernt. Eines der Teilchen trifft bei uns auf der Erde ein und seine Polarisation wird von uns gemessen. Im selben Augenblick entsteht im anderen Photon – Lichtjahre entfernt – ebenfalls eine Polarisationsrichtung. Es verhält sich so, als «wüsste» das andere Photon, dass sein Zwilling gemessen wurde, und stellte daraufhin seine Polarisation dementsprechend ein. Es geht ähnlich zu wie bei dem oben betrachteten Würfel in München und New York, die stets das gleiche Ergebnis liefern.

Die Information, welche Polarisationsrichtung eingenommen wird, überträgt sich augenblicklich auf das zweite Teilchen. Man kann sagen: mit der Geschwindigkeit «unendlich». Viele Physiker waren nicht bereit, diese Vorstellung zu akzeptieren, widerspricht sie doch der Speziellen Relativitätstheorie, nach der die Lichtgeschwindigkeit die in der Natur höchste vorkommende Geschwindigkeit ist.

Auch Albert Einstein war skeptisch. Er schrieb: «*Dem Schluss ... kann man nur dadurch ausweichen, dass man entweder annimmt, dass die Messung an S_1 (erstes Teilchen) den Realzustand von S_2 (zweites Teilchen) telepathisch verändert, oder aber, dass man Dingen, die räumlich voneinander getrennt sind, unabhängige Realzustände überhaupt abspricht. Beides scheint mir ganz inakzeptabel.*»

Im Jahr 1982 gelang es dem französischen Physiker Alain Aspect in Paris, diese Fernwirkungen im Labor glaubhaft nachzuweisen. Später wurden ähnliche Versuche von anderen Forschergruppen durchgeführt. Alle bestätigten, dass die von Albert Einstein bezweifelte Simultanreaktion verschränkter Teilchen existiert. Wissenschaftler in Serge Haroche bei Paris konnten sogar zeigen, dass es verschränkte Atome mit der gleichen Eigenschaft gibt.

Ganzheit, Einheit, Gleichzeitigkeit

In unserer täglichen Erfahrung lässt sich der Begriff der Gleichzeitigkeit folgendermaßen veranschaulichen: Man verschiebe eine Eisenstange in Längsrichtung um ein kleines Stück. Dabei wird gleichzeitig das andere Ende mit verschoben (das gilt zwar nur prinzipiell, aber darauf wollen wir hier nicht näher eingehen). Die Verschiebung beider Enden geschieht also gleichzeitig.

Die Eisenstange ist eine Einheit, daher die Möglichkeit der

Gleichzeitigkeit. Man kann es auch so formulieren: Das Signal des Verschiebens pflanzt sich von dem einen zum anderen Ende der Stange mit unendlicher Geschwindigkeit fort. Würde sich das Signal nur mit endlicher Geschwindigkeit fortpflanzen, könnte man theoretisch das Signal vorübergehend anhalten, etwa wenn es die Hälfte der Strecke überwunden hat. Zu diesem Zeitpunkt ist die eine Hälfte der Stange vom Signal noch völlig unberührt, die andere Hälfte hat das Signal bereits empfangen. Wir könnten die Stange jetzt aufteilen in den «unberührten» Teil und den Restteil.

Diese Aufteilung ist ein charakteristisches Merkmal physikalischer Systeme: Jedes physikalische System lässt sich in zwei Teilsysteme aufspalten. Die Physiker nennen diese Eigenschaft Separabilität. Die Separabilität ist eine der Eigenschaften der Realität, die Albert Einstein nie aufzugeben bereit war, als er mit Quantenphysikern wie Heisenberg und Bohr diskutierte.

Haben wir eine unendliche Signalgeschwindigkeit oder Gleichzeitigkeit, ist dieser Teilungsalgorithmus nicht mehr möglich, die Separabilität gilt nicht mehr. Systeme mit unendlicher Signalgeschwindigkeit bilden eine Einheit oder Ganzheit, die sich nicht in Teilsysteme aufspalten lässt. Gleichzeitigkeit hängt also mit dem Begriff der Nichtseparabilität zusammen.

Der englische Physiker David Bohm schreibt dazu: *«Die mit der Quantentheorie implizierte grundsätzliche neuartige Eigenschaft ist die Nichtlokalität, d.h., dass ein System sich nicht in Teile zerlegen lässt. ... Das führt zu dem radikal neuen Begriff der unzerstörbaren Ganzheit des gesamten Universums.»*

Wir haben oben dargelegt, dass ein System im Sinne der Quantenphysik sich nicht in Teilsysteme zerlegen lässt – aber kann man daraus die Ganzheit des gesamten Universums folgern, wie David Bohm es tut? Man kann es tatsächlich. Verschränkte Teilchen sind solche, die irgendwann einmal in Wechselwirkung zueinander standen. Gehen wir von der Urknalltheorie des Universums aus, standen alle Teilchen zu Beginn in Wechselwirkung, daher hängen sie alle irgendwie zusammen. Das gesamte Universum ist eine Einheit, voneinander unabhängige Teilchen sind eine Illusion. Die klassische Theorie von der Analysierbarkeit der Welt in Einzelteilen wird fragwürdig.

Mehr noch: Greift ein Experimentator in ein System ein, wirkt er damit gleichzeitig auf entfernte Systeme, und umgekehrt wirkt jedes Ereignis fern von mir auf mich und meine Umgebung. Was hier geschieht, hat Auswirkungen auf andere Bereiche des Universums, und umgekehrt. Jede Aktion im Weltall hat Konsequenzen für alle Teile des Alls.

Am Ende dieses Abschnitts sei nochmals David Bohm zitiert: *«Wir müssen die Physik umkehren. Statt mit den Einzelteilen anzufangen und zu zeigen, wie sie zusammenarbeiten, beginnen wir mit dem Ganzen.»*

Gedanken zum Begriff Einheit

In der Quantenphysik sahen wir, dass zwei beliebig weit entfernte Teilchen simultan reagieren können (verschränkte Teilchen). Ändert man Eigenschaften des einen, ändert sich augenblicklich das andere Teilchen. Beides geschieht gleichzeitig, unabhängig davon, wie weit die Teilchen voneinander entfernt sind.

Die Simultaneigenschaft ist identisch mit der Unmöglichkeit der Separabilität, also einer Teilbarkeit des Systems der verschränkten Teilchen. Wenn wir den Begriff «Einheit» durch Nichtseparabilität definieren, also festlegen: *Ein System, das nicht separabel ist, nennen wir eine «Einheit»*, dann bilden verschränkte Teilchen eine Einheit.

Wir wollen uns nun überlegen, welche Eigenschaften eine Einheit oder Ganzheit besitzen müsste. Natürlich geraten wir mit unseren Überlegungen in einen spekulativen Bereich:

1. Eine Einheit hat keine räumliche Ausdehnung. Hätte sie es, dann könnte man sie zerteilen, denn jedes räumliche Gebilde ist teilbar (separabel), so wie sich eine Strecke in zwei Teilstrecken aufteilen lässt. Eine Einheit besitzt also keinen Raum. Existiert sie trotzdem, ist sie außerhalb des Raumes.

2. Eine Einheit ist nicht der Zeit unterworfen. Denn Zeit lässt sich nur im Raum definieren, genauer durch Bewegung im Raum (Uhr, Herz, Schwingungen etc.). Da die Einheit aber außerhalb des Raumes ist, also keinen Raum einnimmt, kann sie auch nicht der Zeit unterworfen sein.

3. Dass verschränkte Teilchen Eigenschaften einer Einheit aufweisen und sie möglicherweise eine Einheit bilden, obwohl sie «Raum» einnehmen, ist kein Widerspruch, denn es wäre ja möglich, dass ein Einheitsprinzip außerhalb von Raum und Zeit auf beide Teilchen einwirkt und sie zumindest partiell eine Einheit bilden.

4. Letzteres lässt sich mit einem Zirkel vergleichen, den man auf eine Zeichenebene aufsetzt, ohne dass ein Kreis gezeichnet wird. Stellen wir uns vor, die Ebene werde bewohnt von «Flächentierchen», die nur zweidimensional laufen, denken und wahrnehmen können. Sie bemerken den Punkt der Zirkelspitze und den Punkt der Zeichenmine. Dies sind zwei getrennte Punkte in ihrem Raum. In Wirklichkeit ist es aber der Zirkel, der für einen Beobachter im übergeordneten Raum eine Einheit bildet und die Punkte initiiert.

Auch die Relativitätstheorie Einsteins liefert Elemente, aus denen man den Begriff Einheit erklären könnte:

Nach der Speziellen Relativitätstheorie vergeht die Zeit umso langsamer, je schneller wir den Raum durchfliegen. Erhöhen wir unsere Geschwindigkeit bis hin zur Lichtgeschwindigkeit (was zwar praktisch unmöglich ist, aber gedanklich kann man es durchspielen), dann bleibt die Zeit stehen. Würden wir den Lichtteilchen (Photonen) eine Uhr anhängen, so wären Startzeit und Ankunftszeit gleich.

Auch die Distanz in Flugrichtung wird umso kürzer, je schneller wir fliegen; bei Lichtgeschwindigkeit wird sie null. Das bedeutet, dass für Photonen Start und Ziel eins sind. Alles ist hier und jetzt.

Sollte es möglich sein, dass zwei Bereiche des Raumes eins sein können, wenn wir alles aus einer anderen Perspektive betrachten? Ist das gesamte Universum nur ein Punkt und die Vielheit des Universums eine Folge der Beobachtung? Einheit und Ganzheit sind nämlich letztlich nur in einem Punkt realisiert, zwei Punkte bilden keine Einheit mehr. Quantentheorie und Relativitätstheorie geben diesen merkwürdigen spekulativen Gedanken Raum.

Ganzheit des Universums?

Wie bereits oben dargelegt, kann Folgendes geschehen: Zwei verschränkte Teilchen seien vor mehreren tausend Jahren irgendwo im Universum ausgestoßen worden. Eines der Teilchen landet bei uns auf der Erde, das andere ist inzwischen Tausende von Lichtjahren von uns entfernt. Wir messen eine Eigenschaft – zum Beispiel die Polarisation – des Teilchens auf der Erde. Im gleichen Augenblick stellt sich eine entsprechende Eigenschaft im anderen, Lichtjahre entfernten Teilchen ein. Das heißt, die Botschaft des gemessenen Teilchens bei uns ist gleichzeitig an einer Stelle des Raums, die Lichtjahre entfernt ist.

Wenn an zwei Punkten des Raums gleichzeitig etwas in diesem Sinne geschieht, dann gibt es offenbar eine geheimnisvolle Verbindung zwischen den Punkten bzw. den Teilchen. Die Teilchen reagieren, als wären sie nie getrennt worden, wie eine Einheit.

Unmittelbar nach dem Urknall waren alle Teilchen miteinander in irgendeiner Weise verbunden. Könnte es sein, dass daher alle Materie des Universums mehr oder weniger miteinander verschränkt ist, dass also alle Teilchen sich direkt gegenseitig beeinflussen? Alles ist eins?

Der Raum ist aus unserer Sicht fast unbegrenzt und besitzt eine Größe, die unsere Vorstellung sprengt. Trotzdem reduzieren sich Entfernungen auf fast null, wenn wir nahezu mit Lichtgeschwindigkeit durch den Raum fliegen. Zudem gibt es im Rahmen verschränkter Teilchen Eigenschaften, die weit entfernte Punkte als eine Art Einheit erscheinen lassen.

Zwei Punkte im Raum können also, je nach unserer Disposition, fast unendlich weit voneinander entfernt sein oder aber sehr nahe beieinanderliegen (Lichtgeschwindigkeit) oder sogar als eine Art Einheit erscheinen, bei der Entfernungen keine Rolle spielen (verschränkte Teilchen).

Achtes Kapitel

8. Ist die Zeit gequantelt?

Arzt: Ihr Puls geht zu langsam.
Patient: Das macht nichts, ich habe Zeit.

Gibt es kleinste Zeiteinheiten?

Eine Stunde besteht aus 60 Minuten, eine Minute aus 60 Sekunden. Eine Sekunde lässt sich in Millisekunden unterteilen und die Millisekunde wiederum in kleinere Abschnitte. Kann man die Zeit in dieser Weise immer weiter unterteilen, ohne dass dies jemals ein Ende nimmt?

Der jüdische Philosoph Maimonides (12. Jh. n. Chr.) war der Auffassung, dass eine fortgesetzte Teilung nicht möglich ist. Irgendwann, so behauptete er, lande man bei den kleinsten Zeiteinheiten, die er Chrononen nannte, welche nicht mehr teilbar sind. Der Name kommt von «Chronos», dem griechischen Gott der messbaren Zeit

Wie im vorigen Kapitel dargelegt, gibt es im messbaren Bereich eine untere Grenze des Messbaren. Alles, was unterhalb dieser Grenze geschieht und existiert, entzieht sich den bekannten physikalischen Gesetzen. Hier herrscht die Quantentheorie, die über Wahrscheinlichkeiten die Dinge zu erfassen sucht.

Unterhalb dieser Grenzen sind sinnvolle physikalische Aussagen prinzipiell unmöglich. So ist die kleinste Länge, unterhalb derer Gesetze der bekannten Physik nicht mehr gelten, die Planck-Länge l = 10^{-35} Meter. Diese Länge ist unvorstellbar klein. Würde man alles um uns herum so stark vergrößern, dass die Planck-Länge einen Millimeter groß wäre, würde das sichtbare Universum nicht ausreichen, um die Länge von einem Meter aufzunehmen.

Die Zeit, die die untere Grenze für die Anwendbarkeit der Physik darstellt, ergibt sich, wenn man die Planck-Länge durch die Lichtgeschwindigkeit dividiert. Man erhält t = 10^{-43} Sekunden. Diese Zeiteinheit wird als Planck-Zeit bezeichnet.

Auch diese Zeit ist so unvorstellbar klein, dass sie sich jeder vernünftigen Vorstellung entzieht. Würde man die Planck-Zeit auf eine Sekunde dehnen, entspräche das der Dehnung von einer Sekunde auf 100 000 000 000 000 000 000 000-mal das Alter des Universums.

Verläuft die Zeit in Sprüngen?

Gibt es unterhalb der Planck-Zeit noch kleinere Zeitabschnitte, die zwar nicht messbar sind, aber existieren? Kann man die Zeit immer weiter verkleinern, ohne dass das jemals endet? Die Physiker sprechen dann von einer kontinuierlichen Zeit. Wenn das nicht möglich ist, muss es einen kleinsten Zeitabschnitt geben, der nicht mehr unterteilbar ist, eine Art Grundgröße der Zeit.

Bis vor hundert Jahren war man überzeugt, dass alle physikalischen Größen kontinuierlich seien. Noch Ende des 19. Jahrhunderts postulierte der österreichische Physiker Ernst Mach, dass der Nachweis kleinster Teilchen prinzipiell unmöglich sei.

Doch durch die Quantenphysik wissen wir heute, dass die Materie körnig ist, dass also kleinste Energieeinheiten und Teilchen existieren, die nicht teilbar sind.

Heute gehen Physiker der Frage nach, ob das nicht auch für den Raum und die Zeit gilt. Gibt es zum Beispiel «Atome» der Zeit, also nicht teilbare Grundeinheiten, die – hintereinandergelegt – die Zeit ausmachen und nicht weiter teilbar sind?

Die Antwort auf die Frage, ob die Zeit körnig ist, könnte eine neuartige Theorie geben, die sich Loop-Quantengravitation nennt.

Die Loop-Quantengravitation entstand aus dem Versuch, Relativitätstheorie und Quantentheorie zu vereinen. Will man das Verhalten des Kosmos unmittelbar nach dem Urknall verstehen, benötigt man zum einen die Relativitätstheorie Einsteins, die die Gravitation beschreibt, und zum anderen die von Max Planck begründete Quantentheorie, die den Mikrokosmos darstellt. Die Physiker suchen schon seit Jahren nach einer Verbindung beider Wissenschaften, nach einer Quantentheorie der Gravitation. Nur mit einer solchen Theorie besteht zum Beispiel Hoffnung, das Universum in den ersten 10^{-43} Sekunden (Planck-Zeit) zu verstehen.

Zwei Ansätze haben sich herausgebildet: die Stringtheorie und die Loop-Quantentheorie.

Die Loop-Quantentheorie geht davon aus, dass Raum und Zeit gequantelt sind, dass es also kleinste Volumina und Zeitsegmente gibt, die nicht unterschritten werden können. Der Raum besteht aus kleinsten Bausteinen, ebenso die Zeit, die in Sprüngen verläuft. Letzteres gleicht dem, was wir vom Film her kennen: In schneller Folge werden Bilder auf eine Leinwand projiziert, die insgesamt den Eindruck bewegter Bilder erwecken. Auch hier haben wir es mit einer Zeit zu tun, die in Sprüngen verläuft.

Denken Sie an die Atome, bei denen die umkreisenden Elektronen nur bestimmte Energiewerte annehmen können. Alle dazwischenliegenden Energien sind verboten.

Die Größe der Bausteine des Raums ist durch die Planck-Länge von 10^{-33} Zentimetern vorgegeben; das kleinstmögliche Volumen ist $(10^{-33})^3 = 10^{-99}$ Kubikzentimeter. Der kleinstmögliche Zeitsprung beträgt 10^{-43} Sekunden.

Alles hier über die Loop-Quantentheorie Gesagte ist vorläufig noch bloße Theorie, auf der Suche nach einer Quantentheorie der Gravitation. Letztlich wird darüber auf dem Weg des Experiments entschieden. Möglicherweise sind Raum und Zeit auch kontinuierlich, also beliebig oft teilbar. Dies ist die Voraussetzung der Stringtheorie, des anderen Versuchs, eine Quantentheorie der Gravitation aufzustellen.

Wann begann die Zeit?

Vor 13,7 Milliarden Jahren entstand in einer gewaltigen Explosion das Universum. Es war zunächst winzig klein, expandierte dann aber bis auf die Größe unserer Tage.

Mithin begann die Zeit vor 13,7 Milliarden Jahren. Von «vorher» zu sprechen, macht keinen Sinn, denn ein Vorher gab es nicht. Das ist zumindest die Aussage der von allen Kosmologen anerkannten Standardtheorie.

Wir sahen, dass die Zeit möglicherweise gequantelt ist. Welcher ist dann der frühestmögliche Zeitpunkt, den wir theoretisch erfassen können? Der Zeitpunkt null ist es sicher nicht, denn was zum Zeitpunkt der Schöpfung der Zeit geschah, liegt im Dunkeln.

Die Antwort ergibt sich aus einer Entdeckung, die auf Louis de Broglie zurückgeht.

Der Franzose Louis de Broglie studierte zunächst Philosophie und Geschichte und war während des Ersten Weltkriegs Nachrichtenoffizier. Danach absolvierte er ein Zweitstudium in den Fächern Mathematik und Physik. In seiner berühmt gewordenen Doktorarbeit *Recherches sur la théorie des Quanta* behauptete er 1924, dass Elektronen in Wellenform auftreten können. Diese zunächst kühne Behauptung folgerte er aus der Dualität des Lichtes, die besagt, dass die Lichtphotonen sowohl Teilchen als auch Wellen sind. Er konnte zeigen, dass seine Theorie einige Dinge in Atomen sehr elegant erklärte.

De Broglie war unsicher, ob er seine Arbeit als Dissertation an der Sorbonne in Paris einreichen sollte. Seine These, dass Elektronen Wellen sind, wurde durch keinerlei Experiment gestützt. Als er schließlich 1924 seine Arbeit doch einreichte, zögerte die Fakultät. Die Idee schien zu absonderlich. Als man Albert Einstein um Rat fragte, meinte dieser, dass die These zwar «verrückt», aber in sich logisch sei. De Broglies Arbeit wurde angenommen.

Später wurde durch Experimente bestätigt, dass nicht nur Elektronen, sondern sogar Materie allgemein in Wellen auftreten kann.

Die Vorstellung des Urknalls des Universums besagt, dass das Weltall aus einem Punkt heraus expandierte, ähnlich wie ein Luftballon, den man aufbläst. Direkt nach dem Urknall war daher das Universum extrem klein, am Anfang kleiner als die mittlere Wellenlänge der Materie.

Für ein solches Miniuniversum lässt sich die Physik der Relativitätstheorie nicht anwenden, hier gilt die Quantenphysik. Direkte Berechnungen sind also erst möglich von dem Zeitpunkt an, in dem der Radius des Universums die Wellenlänge erreicht hat. Berechnungen ergaben, dass dieser Zeitpunkt nach 0,0000000000000000000000000000000000000539 Sekunden erreicht war. Dies ist die Zeit, die wir bereits oben als Planck-Zeit kennen gelernt haben. Was vor dieser Zeit war, bleibt im Dunkeln.

Spekulationen

Einige Theoretiker der Stringtheorie behaupten, dass die Zeit unendlich lange existiert. Vor dem Urknall war der Raum mit wenig Materie gefüllt und kontrahierte. Es entstanden Verdichtungen, die zu schwarzen Löchern ausarteten. Irgendwann explodierten diese Löcher und ein neuer Urknall entstand.

Diese Theorie wird nicht von allen Wissenschaftlern akzeptiert. Es gibt einige Gegenargumente. Eines davon betrifft die Entropie, die beim Urknall extrem niedrig gewesen sein muss, in einem schwarzen Loch aber extrem hoch ist. Es ist nicht geklärt, in welcher Weise sich die Entropie beim Übergang von den schwarzen Löchern zum Urknall geändert haben soll.

Neuntes Kapitel

9. Lebewesen messen die Zeit

*Denn tausend Jahre sind vor dir wie der
gestrige Tag, wenn er vergangen ist.*
Psalm 90,4

1960 trafen sich 150 Wissenschaftler aus allen Ländern der Erde, deren Forschungsgebiet die physiologische Zeitmessung war, zum ersten internationalen Symposium in Cold Spring Harbor in den USA. Es entstand die Wissenschaft der Chronobiologie. Sie zeigt auf, dass Mensch, Tier und Pflanze eine innere Uhr besitzen und dass ein Verstoß gegen die innere Zeituhr zu Krankheiten und psychischen Störungen führen kann. Die innere Uhr der Lebewesen verleiht diesen einen Vorteil, indem sie sich auf die Veränderungen der Umwelt so einstellen können, dass sie optimal darauf reagieren.

Der Mensch besitzt eine biologische Uhr

Was geschieht, wenn man einen Menschen in einen geschlossenen Raum setzt, ohne Fenster und Kontakte nach draußen, und ihn dort einige Tage oder Wochen beobachtet? Er soll keine Uhr, kein Radio, kein Handy und kein Fernsehen besitzen, so dass er den Rhythmus seines Lebens aus sich selbst heraus, ohne Einwirkung von außen, bestimmt. Wird er seine Schlaf- und Wachzeiten nach dem gewohnten 24-Stunden-Tag ausrichten oder einen anderen Zeitrhythmus finden? Wie verlaufen seine anderen biologischen Rhythmen?

Die deutschen Physiologen Jürgen Aschoff und Rütger Wever vom Max-Planck-Institut für Verhaltensphysiologie nahe dem Starnberger See wollten es genau wissen. Sie bauten im bayerischen Andechs einige Räume mit meterdicken Wänden und schalldichten Türen, statteten sie mit Strom- und Wasseranschluss, mit bequemen Möbeln wie Tisch, Bett, Stühlen, Heimtrainer, Küche und Bad aus. Es fehlte lediglich alles, was auf die Zeit hindeuten könnte, wie Uhren, Radios usw. In diesen Räumen lebten Probanden bis zu vier Wochen und konnten jederzeit ihr Experiment abbrechen. Viele der «Bunkerbewohner» zeigten sich nach Beendigung des Experimentes geradezu begeistert über ihre Erfahrung mit einem Leben ohne Zeit.

Eines der ersten Resultate war, dass ein Mensch, der ohne Einfluss von außen den Tagesrhythmus bestimmen konnte, im Durchschnitt etwa 8 bis 9 Stunden schlief. Allerdings verschob sich die Tageseinteilung immer mehr nach hinten. Nach 12 Tagen erlebte der Proband seine volle Tagestätigkeit, wenn es draußen um ihn herum schwarze Nacht war. Nach 24 Tagen stimmte sein Tagesrhythmus wieder mit dem Rhythmus der Beobachter überein. Das bedeutet, dass der Tag für die «Insassen» 25 Stunden dauerte. Fast alle von ihnen waren überrascht, als das Experiment beendet war. Sie hatten natürlich mitgerechnet; nach ihren Aufzeichnungen war es einen Tag zu früh.

Das Andechser Experiment wurde von vielen Forschern in aller Welt wiederholt, teilweise mit bis zu 6 Monaten Isolation. Insbesondere wurde bei weiteren Experimenten zusätzlich die

Körpertemperatur der Probanden gemessen. Das führte bei den überwachenden Wissenschaftlern zu einer großen Überraschung: Die Körpertemperatur schwankte zwischen 36,5 und 37,5 Grad in einem 25-Stunden-Rhythmus, wobei die niedrigere Temperatur im Schlaf gemessen wurde. Trotzdem stimmten Wach-Schlaf- und Temperatur-Rhythmus nicht unbedingt überein. Auch wenn die Versuchsperson einen kürzeren oder längeren Wach-Schlaf-Rhythmus erreichte, hielt der Temperatur-Rhythmus stur seinen 25-Stunden-Rhythmus durch.

Es begann eine intensive Suche nach der inneren Uhr im Menschen und bei den Säugetieren. Man vermutete sie im Gehirn und veranstaltete Experimente mit Tieren wie zum Beispiel Ratten, um sie aufzufinden.

Sitzt die biologische Uhr im Gehirn?

Wach-Schlaf-Rhythmus, jahreszeitliche Rhythmen, Hormonausschüttungen, Periodik der Körpertemperaturen usw. sind bei Säugern in vielen Fällen zeitlich gesteuert. Über Nervenbahnen oder über Botenstoffe werden Signale an Drüsen oder andere Organe abgegeben, damit diese passend zur Tageszeit Hormone ausschütten, die organische Reaktionen hervorrufen. So produziert die Zirbeldrüse vornehmlich nachts Melatonin, welches das Schlafverhalten stark beeinflusst.

Worin besteht die Initiative dieser zeitlichen Steuerung und woher kommt sie?

Die Chronobiologen suchten lange nach einer Lösung und vermuteten eine innere Uhr, die zentral die wichtigsten Vorgänge im Körper steuert. 1972 wurden sie fündig: Bei Ratten entdeckten sie feine Nervenfasern, die von der Netzhaut der

Augen nicht – wie die meisten Nervenfasern – zum Sehzentrum des Großhirns führten, sondern in einem kleinen Areal des Zwischenhirns endeten. Die Forscher zerstörten dieses Areal im Gehirn und stellten fest, dass die so behandelten Ratten völlig gesund waren, lediglich fehlte jeder Tagesrhythmus. Die zentrale Uhr im Gehirn war gefunden. Man vermutete, dass die feinen Nervenfasern, die Lichtsignale vom Auge zu dieser «Uhr» führten, diese mit der Außenwelt synchronisierte. Das Areal erhielt den Namen «Suprachiasmatischer Nukleus», kurz SCN. Beim Menschen steckt das SCN wenige Zentimeter hinter der Nasenwurzel im Gehirn und enthält etwa 50 000 Zellen.

Das SCN sendet Botenstoffe an Drüsen, die wiederum Hormone in den Körper absetzen. So wird die Zirbeldrüse angewiesen, das Hormon Melatonin als Nachtsignal zu produzieren, das den Körper auf Nachtbetrieb stellt. Die Hypophyse (Hirnanhangdrüse) wiederum schüttet Zwischenboten aus, die über die Blutbahn zu anderen Drüsen gelangen. Die zentrale Uhr bei all diesen Vorgängen ist das SCN, das den Körper durch seine Verbindung mit den Sehnerven – also über das Licht – mit dem Tag-Nacht-Rhythmus koordiniert.

Was geschieht, wenn das SCN ausfällt, lässt sich bei Alzheimer-Patienten studieren. Die Zerstörung im Gehirn macht leider auch vor dem SCN nicht halt und die Patienten verlieren jedes Zeitgefühl. Daher schlafen sie in unregelmäßigen Rhythmen; sie sind auch des Nachts oft hellwach und bedürfen der Pflege. In vielen Fällen erweist sich eine Heimeinweisung als notwendig.

Allerdings besitzen die Säuger – und mithin auch der Mensch – noch eine Reihe peripherer Uhren, die in den Zellen versteckt sind. Genauer: Es sind Gene, die dafür sorgen, dass bestimmte Zellen Eiweiß produzieren in einem Ausmaß, dass die Eiweißkonzentration in der Zelle stetig ansteigt. Ist eine Maximalsättigung erreicht, beginnt genau das Gegenteil: Die Produktion des Eiweißes wird gedrosselt, bis die Konzentration wieder unten ist. Danach beginnt das Spiel von vorne. Das ganze System arbeitet wie ein Pendel und hat dadurch die Fähigkeit, Zeiten zu messen. Diese peripheren Uhren werden allerdings von der Zentraluhr SCN gesteuert. Wie diese Steuerung geschieht, ist zurzeit noch nicht klar.

Was geschieht, wenn eines dieser Uhrengene nicht richtig arbeitet? Dies zeigte eine Entdeckung von Schlafforschern und Neurobiologen der Universität von Utah in Salt Lake City, USA, im Jahre 2001. Es gibt Menschen, die an einer vorverlagerten Schlafphase leiden. Sie sind extreme Frühaufsteher und werden bereits nachmittags müde. Ihr innerer Rhythmus geht ungefähr vier Stunden vor. Die Forscher entdeckten bei diesen Patienten eine Mutation eines Gens, welches den Namen *period-2* trägt und als periphere Uhr arbeitet.

Auch Pflanzen besitzen Uhren

Es gibt Pflanzen, die morgens bei Sonnenaufgang ihre Blüten öffnen und am Abend wieder schließen, so als würden sie abends den Tag beenden. Was würde wohl geschehen, wenn man eine solche Pflanze in einem fensterlosen Raum einschließt, so dass das Tageslicht nicht an die Pflanze dringt? Wird sie auch dann ihre Blüte öffnen und schließen, und wenn ja, nach welchem Rhythmus?

Den ersten Beleg für die Existenz chronologischer Uhren lieferte 1729 der französische Astronom Jean-Jacques d'Ortous de Marain. Er beobachtete die Pflanze mit dem Namen «Sonnenwende». Der Name deutet darauf hin, dass das Kraut in seinen Blättern dem Stand der Sonne folgt. Er verbannte die Pflanze in einen dunklen Keller und beobachtete etwas, was ihn erstaunt haben dürfte: Die Pflanze öffnete morgens bei Sonnenaufgang ihre Blätter und schloss sie am Abend, wenn die Sonne verschwand, und dies ohne jede Information von außen und wochenlang. Also, folgerte der Forscher, muss die Pflanze eine innere Uhr besitzen.

Man könnte vermuten, dass die Temperaturunterschiede zwischen Tag und Nacht die Pflanze veranlassen, sich nach Sonnenstand zu verhalten. Daher wurde einige Jahrzehnte später der von Jean-Jaques d'Ortous de Marain durchgeführte Versuch von dem Biologen Henri-Louis Duhamel du Monceau wiederholt, diesmal aber in einem gleichmäßig beheizten Raum. Das Ergebnis war das gleiche.

Dass sogar Einzeller Uhren besitzen, beobachtet man an der Leuchtalge Gonyaulax. Sie glüht täglich kurz vor Mitternacht für fast zwei Stunden besonders stark und trägt zum Meeresleuchten bei. Dies geschieht auch, wenn man sie isoliert, so dass man davon ausgehen muss, dass auch sie so etwas wie eine interne Uhr besitzt.

Das rätselhafte Zeitverhalten einiger Pflanzen und Tiere

Sie schlüpfen aus dem Ei, sind kleiner als Ameisen und leben im Erdreich, wo sie 17 Jahre lang vom Wurzelsaft der Bäume leben. Es handelt sich um Insekten mit einem äußerst merkwürdigen Zeitverhalten. Nach genau 17 Jahren verlassen sie das Erdreich, wachsen bis auf Daumengröße und verpuppen sich; es entstehen geflügelte Insekten, die auf Bäumen sitzen und ein ungeheures Zirpen veranstalten. Es ist so laut, dass die

Menschen sich die Ohren zuhalten. Zuletzt geschah dies im Jahre 2004 in Nordamerika, wo diese Insekten leben.

Es handelt sich um die sogenannten 17-Jahres-Zikaden. Sie veranstalten ihr wenige Tage anhaltendes Konzert nur alle 17 Jahre. In dieser Zeit erfolgt die Fortpflanzung, bevor sie wieder im Erdreich verschwinden. Darüber hinaus gibt es noch eine andere Art, deren Vertreter genau alle 13 Jahre an der Erdoberfläche erscheinen und sich ähnlich verhalten.

Warum erfolgt das spektakuläre Erscheinen genau alle 17 bzw. alle 13 Jahre? Man vermutet, dass dies damit zusammenhängt, dass 13 und 17 Primzahlen sind. Erschienen die Tiere zum Beispiel alle 12 Jahre, würden Feinde, die vielleicht alle 2 oder 4 Jahre besonders häufig auftreten, die Zikadenzahl dezimieren, indem sie sie schlichtweg fressen. Bei einer Primzahl ist die Überlebenswahrscheinlichkeit besonders groß.

Woher wissen die Zikaden, dass genau 17 Jahre vergangen sind und der nächste Ausflug in die Oberwelt fällig ist? Offenbar muss eine Art Uhr den Insekten eingeben, dass sie aufwachen und sich vermehren müssen.

Ein ähnlich rätselhaftes Verhalten finden wir bei einer Pflanze, die den Namen *Phyllostachys bambusoides* trägt. Es handelt sich um eine Bambuspflanze, die in Japan nur alle 120 Jahre und in Indien alle 60 Jahre blüht. Gärtnern ist das Rätsel dieser Bambuspflanzen vertraut. In den Jahren 1996 und 1997 starben weltweit – mithin auch in Europa – alle Exemplare der Bambusart *Fargesia murielae*, nachdem diese massenhaft Blüten produziert und ausgeworfen hatten. Jahrelang vermehren sich die Bambuspflanzen ungeschlechtlich, indem sie unterirdisch Wurzeln vorantreiben. Dann aber produzieren sie Unmengen von Pollen, die sie um sich herum verstreuen. Auch hier operiert offenbar irgendeine geheimnisvolle Uhr, die die Zyklen vorgibt.

Die ältesten Pflanzen, Tiere und Menschen

Wie alt können Pflanzen maximal werden? Es sind eindeutig die Bäume, welche hier die Pflanzen-Rangliste anführen. Sie sind oft lebende Denkmäler, deren Alter sich an den Jahresringen ablesen lässt. Im Folgenden seien einige der bekanntesten Baum-Methusaleme aufgeführt.

Bei Schmalkalden in Thüringen steht eine Lärche, die 220 Jahre auf dem Buckel hat. Die älteste Kiefer in Deutschland mit einem Alter von 280 Jahren findet sich in der Nähe von Frankfurt. Bei Bamberg in Bayern steht an einem Waldweg der älteste Bergahorn; sein Alter wird auf 450 bis 600 Jahre geschätzt. Noch älter werden Eichen. Sie sind die Bäume der Bäume, die für Tiere die meiste Nahrung bereitstellen. Bei den alten Germanen wurden sie wegen ihres hohen Alters und ihres knorrigen Aussehens verehrt und als göttlich angesehen. Sie waren dem Gott Donar geweiht, woher der Name Donnerstag stammt. Erst Bonifatius schaffte es, den Götterglauben durch den christlichen Glauben zu ersetzen, indem er eine uralte Eiche fällte, ohne dass ihn der Blitz traf, wie die Germanen befürchteten – so weiß es jedenfalls die Legende. In der Nähe von Eutin steht eine 400 Jahre alte Eiche mit einer eigenen Postleitzahl: 23701. Briefe, die dort landen, können von jedermann gelesen und beantwortet werden. Die vermutlich älteste Eiche auf deutschem Boden ist die Wolfgangseiche bei Regensburg mit einem Umfang von 10 Metern und einem Alter von etwa 700 Jahren. Sie wurde gepflanzt, als in Mitteleuropa die Pest wütete, die Schweiz unabhängig wurde und Kaiser Heinrich VII. regierte. Sie erlebte die Reformation, den Dreißigjährigen Krieg und Napoleons Kriegszüge in Deutschland.

Die ältesten Pflanzen, Tiere und Menschen

Im westlichen Nordamerika (Kalifornien, Arizona) existiert ein Baum, der die Eiche von Regensburg an Alter weit übertrifft. Es ist die Grannenkiefer, die in Höhen zwischen 2300 und 3500 Metern wächst und acht bis fünfzehn Meter hoch wird. Ihr maximales Alter beträgt 2500 Jahre. Weltmeister im Lebensalter unter den Pflanzen ist eine der Grannenkiefer nahe Verwandte mit dem lateinischen Namen *Pinus longaeva*, die ebenfalls in Nordamerika wächst. Sie erreicht das biblische Alter von 5000 Jahren und ist damit die älteste bekannte Pflanze der Welt. Sie wächst sehr langsam, der Stammumfang nimmt in 100 Jahren höchstens 3 Zentimeter zu.

Und wie sieht es mit den Tieren aus? Affen werden 25 Jahre alt, der Schimpanse bis zu 60 Jahre. Elefanten erreichen 60 Jahre, im Zoo bis zu 70 Jahre, in Ausnahmefällen sogar 80 Jahre. Ein Hummer erreicht bis zu 100 Jahre und die Flussperlmuschel wird bis zu 110 Jahre alt.

Bis zu 150 Jahre alt wird der Stöhr, der schon vor 250 Millionen Jahren zusammen mit den Dinosauriern lebte und uns den Kaviar liefert. Leider nehmen seine Bestände immer mehr ab.

Zu den Methusalemen der Tiere zählen die Schildkröten. In Australien lebte Harryet, eine Galapagos-Schildkröte, die 1830 geschlüpft sein soll. 1836 fand sie angeblich Charles Darwin, der auf den Galapagos-Inseln weilte, und nahm sie mit nach England. Später gelangte sie nach Brisbane in Australien, wo sie im Australia-Zoo die Besucher erfreute. Ursprünglich hieß die Schildkröte Harry. Erst 1960 fand man heraus, dass Harry eigentlich ein Weibchen war, und taufte sie in Harryet um. 2006 starb sie an einem Herzversagen und wurde mithin 176 Jahre alt. Inzwischen bestehen Zweifel, ob Harryet tatsächlich die Schildkröte war, die einst Darwin mitnahm. Fest steht aber, dass sie vor 1850 geboren wurde.

Noch älter kann der Grönlandwal werden. Man fand Wale, in denen alte Harpunenspitzen steckten, die über 100 Jahre alt waren. Das bisher älteste Säugetier der Welt war ein Grönlandwal, der in den 1990er Jahren im Nordatlantik erlegt wurde. Mit molekularbiologischen Untersuchungen fand man heraus, dass das Tier 211 Jahre alt war. Seine Geburtsstunde lag also zur Zeit der Französischen Revolution.

Gibt es Tiere, die über 1000 Jahre alt sind? Die Antwort lautet: ja. Es sind Schwämme, ein Tierstamm innerhalb der Abteilung der Gewebelosen. Es gibt 7500 Arten davon. Sie leben allesamt im Wasser und kommen in allen Meeresgewässern der Erde vor. Sie ernähren sich durch das Einstrudeln von Wasser, aus dem sie ihre Nahrung herausfiltern.

Das älteste dieser Tiere ist der in antarktischen Gewässern lebende Riesenschwamm. Er kann bis zu 10 000 Jahre alt werden und ist mithin das älteste Lebewesen der Erde.

Betrachten wir abschließend das erreichbare Alter der Menschen. Die durchschnittliche Lebenserwartung von Knaben in Deutschland und Österreich, die 2012 geboren wurden, beträgt 77 Jahre, die von Mädchen 82 Jahre. Allerdings können Menschen weit über 100 Jahre alt werden. Über tausend 110-Jährige wurden bisher verlässlich dokumentiert; zweifellos nur ein Bruchteil derjenigen, die 110 Jahre und älter wurden. Die zurzeit (2012) älteste Frau in Deutschland ist Elisabeth Schneider aus Büppel (Varel) in Niedersachsen mit 110 Jahren, der älteste deutsche Mann ist Paul Veit aus Neuruppin in Brandenburg mit 109 Jahren. Den Altersrekord weltweit hält im Jahr 2012 Besse Cooper aus den USA mit 116 Jahren und das höchste dokumentierte Alter hatte die Südfranzösin Jeanne Calment mit 122 Jahren. Sie wurde geboren am 21. Februar 1875 und starb am 4. August 1997.

Historische Schilderungen berichten über zahlreiche Menschen, die bis zu 130 Jahre alt geworden sein sollen. Jedoch sind deren Daten nicht gesichert und bei nicht wenigen konnten Irrtümer in der Zählweise nachgewiesen werden. Besondere Bekanntheit hat der biblische Methusalem (Gen. 5,21–27) mit angeblich 969 Jahren. Sein Name wird noch heute als Synonym für besonders alte Menschen verwendet.

Zehntes Kapitel.

10. Nichtmessbare Zeiten

*Als Gott die Welt erschuf, gab er den Europäern
die Uhr und den Afrikanern die Zeit.*
O.F. Nike, Nigeria

Die Zeit in Nahtoderlebnissen

Sie verlassen den eigenen Körper, schweben durch einen Tunnel, sehen ein helles Licht und erleben die Zeit in völlig neuen und ungewohnten Formen: Menschen, die klinisch tot waren und reanimiert wurden.

Wenn Sie im Internet über Google das Suchwort «Nahtoderlebnisse» eingeben, erhalten Sie Zugriff auf über 37 000 Seiten, in denen Erfahrungsberichte und Kommentare zu diesem Thema veröffentlicht sind. Viele Patienten mit Nahtoderlebnissen schildern eine Wahrnehmung von Zeit, die uns normalerweise fremd ist. Zeitspannen von Stunden, Tagen oder gar Jahren verdichten sich in der Retrospektive zu Augenblicken von wenigen Sekunden. Nicht wenige berichten, dass alles auf einmal, zu einem einzigen Zeitpunkt, geschieht, was wohl heißen soll, dass sie die Zeit als aufgehoben erleben. Daher sollte ein Buch über das Phänomen Zeit diese Thematik nicht übergehen, selbst wenn bislang wissenschaftliche Erklärungen fehlen.

Der niederländische Kardiologe Pit van Lommel hat mit einem Team das Phänomen Nahtoderlebnisse untersucht und die Ergebnisse in der renommierten medizinischen Fachzeitschrift *The Lancet* veröffentlicht. Das Team befragte 344 Patienten, die einen Herzstillstand erlitten hatten und reanimiert worden waren. 18 Prozent davon hatten ein Nahtoderlebnis.

Bereits 1975 sammelte der amerikanische Arzt, Philosoph und Psychiater Raymond A. Moody erstmals Berichte von reanimierten Patienten und veröffentlichte sie. Er hatte beobachtet, dass alle Nahtoderlebnisse einen ähnlichen Verlauf nahmen. Das veranlasste Moody dazu, seinem Buch *Leben nach dem Tod* den typischen Bericht eines solchen Erlebnisses voranzustellen, ungeachtet dessen, dass im Einzelfall einige Facetten auch anders geschildert wurden:

«Ein Mensch liegt im Sterben. Während seine körperliche Bedrängnis sich ihrem Höhepunkt nähert, hört er, wie der Arzt ihn für tot erklärt. Mit einem Mal nimmt er ein unangenehmes Geräusch wahr, ein durchdringendes Läuten oder Brummen, und zugleich hat er das Gefühl, dass er sich sehr rasch durch einen langen, dunklen Tunnel bewegt. Danach befindet er sich plötzlich außerhalb seines Körpers, jedoch in derselben Umgebung wie zuvor. Als ob er ein Beobachter wäre, blickt er nun aus einiger Entfernung auf seinen eigenen Körper. In seinen Gefühlen zutiefst aufgewühlt, wohnt er von diesem seltsamen Beobachtungsposten aus den Wiederbelebungsversuchen bei.

Nach einiger Zeit fängt er sich und beginnt, sich immer mehr an seinen merkwürdigen Zustand zu gewöhnen. Wie er entdeckt, besitzt er immer noch einen ‹Körper›, der sich jedoch sowohl seiner Beschaffenheit als auch seinen Fähigkeiten nach wesentlich von dem physischen Körper, den er zurückgelassen hat, unterscheidet. Bald kommt es zu neuen Ereignissen. Andere Wesen nähern sich dem Sterbenden, um ihn zu begrüßen und ihm zu helfen. Er erblickt die Geistwesen bereits ver-

storbener Verwandter und Freunde, und ein Liebe und Wärme ausstrahlendes Wesen, wie er es noch nie gesehen hat, ein Lichtwesen, erscheint vor ihm. Dieses Wesen richtet – ohne Worte zu gebrauchen – eine Frage an ihn, die ihn dazu bewegen soll, sein Leben als Ganzes zu bewerten. Es hilft ihm dabei, indem es das Panorama der wichtigsten Stationen seines Lebens in einer blitzschnellen Rückschau an ihm vorbeiziehen lässt. Einmal scheint es dem Sterbenden, als ob er sich einer Art Schranke oder Grenze näherte, die offenbar die Scheidelinie zwischen dem irdischen und dem folgenden Leben darstellt. Doch wird ihm klar, dass er zur Erde zurückkehren muss, da der Zeitpunkt seines Todes noch nicht gekommen ist. Er sträubt sich dagegen, denn seine Erfahrungen mit dem jenseitigen Leben haben ihn so sehr gefangen genommen, dass er nun nicht mehr umkehren möchte. Er ist von überwältigenden Gefühlen der Freude, der Liebe und des Friedens erfüllt. Trotz seines inneren Widerstandes – und ohne zu wissen, wie – vereinigt er sich dennoch wieder mit seinem physischen Körper und lebt weiter.»

Viele Patienten betonen, dass sie ihre Erlebnisse nur ungenau beschreiben können, da die menschliche Sprache nicht ausreiche, um das Erlebte real darzustellen. Viele schweigen und berichten erst Jahre später darüber, da sie befürchten, nicht ernst genommen zu werden. Es müssen auch nicht alle oben beschriebenen Erlebnisse auftreten. Manchmal führen die Reanimierten nur einige davon an.

Gibt es irgendeinen Beweis dafür, dass Nahtoderlebnisse auf echten außerkörperlichen Erfahrungen basieren? Moody weist in diesem Zusammenhang auf die Aussagen nicht weniger Patienten hin, dass sie sich während der Reanimation außerhalb ihres stofflichen Körpers befanden und die Bemühungen der Ärzte beobachteten. Sie berichteten später mit erstaunlicher Genauigkeit, was während der Reanimation alles gemacht und getan wurde. Befragte Ärzte, die die Reanimation durchführten, waren verblüfft, wie genau und treffsicher die Reanimierten ohne jede medizinische Kenntnis alle Einzelheiten beschrieben.

Da es hier um den Begriff der Zeit geht, wollen wir uns etwas genauer mit der Zeitvorstellung in Nahtoderlebnissen auseinandersetzen. Spielt dort die Zeit eine Rolle, verläuft alles zeitlos oder lediglich in anderen Geschwindigkeiten, als wir sie gewöhnlich erleben? Viele Patienten berichten von einer Rückschau über ihr Leben, die rasend schnell oder sogar zeitlos verläuft bzw. in der alle Erinnerungen gleichzeitig stattfinden.

Im Folgenden seien einige Berichte von Patienten mit Nahtoderlebnissen wiedergegeben:

Über die zeitlose Rückschau auf das Leben berichtet ein von Moody Befragter: «*Die vergangenen Ereignisse, die ich jetzt noch einmal vor mir sah, rollten in derselben Reihenfolge wie im Leben ab. Die Bilder wirkten so, als ob man sie draußen in Wirklichkeit vor sich sähe; sie waren ungemein plastisch und in Farbe – und sie waren bewegt. Bei der Szene, als ich mein Spielzeug zerbrach, konnte ich zum Beispiel alle meine Bewegungen sehen. Es war nicht so, dass ich alles aus meiner damaligen Perspektive beobachtet hätte, beileibe nicht. Das kleine Mädchen, das ich sah, schien jemand anderes zu sein, eine Gestalt aus einem Film, irgendeine Kleine unter all den anderen Kindern, die sich auf dem Spielplatz tummelten. Und doch war ich es selbst. Ich sah mich selbst als Kind in all diesen Situationen, in genau denselben Situationen, die ich erlebt hatte und an die ich mich erinnern kann.*»

Sabine R., 38 Jahre: «*... Zeit spielte keine Rolle mehr. Ich war eingetaucht in die Unendlichkeit und hatte den Eindruck, ohne Worte die ganze Welt, mehr noch das ganze Universum zu verstehen.*»

Markolf H. Niemz berichtet über einen Fall, in dem die Zeit völlig anders erfahren wird, als wir sie uns vorstellen: *«Als ich mit 17 fast im Meer ertrank, sah ich mein ganzes Leben im Licht – aber anstatt als Abfolge von Ereignissen kam alles auf einmal. Damals lernte ich, dass die Zeit, so wie wir sie uns vorstellen, nicht existiert.»*

Ein Zweiundzwanzigjähriger schildert sein Nahtoderlebnis: *«Wie in einem Film sah ich viele wichtige Stationen meines Lebens vor mir. Parallel zu den Bild-Ereignissen erlebte ich die ‹moralische Wertung› derselben, weniger nach Gut und Böse, sondern nach dem, was sie an Leid und Freude bei anderen ausgelöst haben ... Einerseits erlebte ich Bild nach Bild, dennoch waren sie alle gleichzeitig da. Es gab weder Raum noch Zeit ... Da ich den Begriff Zeit nicht kannte, kann ich nicht sagen, wann ich wieder durch den Tunnel in meinen Körper gefahren bin.»*

Herbert F., Psychologe und Psychotherapeut, sagt: *«In der Zeit danach hat sich meine Vorstellung vom Tod so entwickelt, dass ich meine, in der räumlich-zeitlichen Welt wie unter Wasser zu leben und im Tode aus dieser begrenzten Welt mit Raum und Zeit in die Zeitlosigkeit ‹auftauchen› zu dürfen.»*

Weitere Berichte:
«Nach dem ... Durchgang durch diesen langen dunklen Tunnel fand ich am Ende alle meine Kindheitsgedanken vor mir ausgebreitet, und mein ganzes Leben blitzte noch einmal vor meinen Augen auf. Es ging eigentlich nicht in Bildern vor sich, mehr auf Gedankenebene, glaube ich. Ich kann es Ihnen nicht genau beschreiben. Es war wirklich alles darin enthalten, ich meine, alle Ereignisse meines Lebens kamen zugleich darin vor. Es war nicht so, dass immer nur eine Sache für sich so ein bisschen aufgeflackert wäre, nein – ich sah mein ganzes Leben auf einmal, alle Erlebnisse zeitgleich.»

«Die Rückblende lief in Form von geistigen Bildern ab, würde ich sagen, die jedoch verglichen mit gewöhnlichen Bildern ungleich lebendiger waren. Ich erlebte nur die Höhepunkte, und zwar so rasend schnell, dass es mir vorkam, als durchblättere ich im Lauf von Sekunden mühelos das ganze Buch meines Lebens.»

«Ich muss es Ihnen gegenüber in Begriffen von Raum und Zeit ausdrücken, und damit komme ich dem Ganzen ja auch so nahe, wie es überhaupt möglich ist, aber trotzdem ist es nicht das Richtige. Ich bin tatsächlich außerstande, Ihnen ein vollständiges Bild zu vermitteln.»

Bei einem Autounfall mit einem Laster flog der Fahrer durch die zerborstene Windschutzscheibe. Im Bruchteil von Sekunden sah er sein ganzes Leben vor sich, von der Kindheit angefangen über die Schulzeit bis zur Zeit des Unfalls. Er berichtete über seine Gedanken, als er aus seiner Bewusstlosigkeit erwachte: *«Wahrscheinlich könnte ich mir die ganzen Vorfälle (der Rückschau) schon noch einmal überlegen und sie mir erneut ins Gedächtnis und in die Vorstellung rufen. Doch würde ich wohl mindestens eine Viertelstunde dazu brauchen. Damals waren sie jedoch alle auf einmal gekommen, ganz von selbst und in weniger als einer Sekunde. Es war wirklich erstaunlich.»*

In nicht wenigen Berichten wird die Rückschau auf das eigene Leben so geschildert, dass voneinander unabhängige Lebensereignisse gleichzeitig erinnert wurden, als gäbe es überhaupt keine Zeit. Die Betroffenen sahen ihr gesamtes Leben zeitgleich, in einem einzigen Augenblick.

Mittelalterliche Philosophen bezeichneten die Zeitlosigkeit (dort heißt es «Ewigkeit») als «nunc stans», das stehende Jetzt. Alles geschieht jetzt, es gibt kein Morgen und kein Gestern.

Der gesamte Ablauf des Universums vom Urknall bis heute ist aus der Sicht der Zeitlosigkeit ein einziges Jetzt. Ein Schöpfer könnte an allen Punkten des Zeitablaufes eingreifen und die Parameter der Welt so setzen, dass alles sich nach einem Plan entwickelt.

Zeitlosigkeit

Die Physik lehrt, dass es keine absolute Zeit gibt. Es existiert also keine Superuhr irgendwo im Kosmos, nach der sich alles ausrichtet. Die Zeit wird subjektiv erlebt. Wir haben kein Recht zu der Annahme, dass Zeit und Raum objektive Eigenschaften unserer Welt seien.

Wie würde eine Welt aussehen, die ohne Zeit auskommt? Sie würde wohl dem ähneln, was Reanimierte über ihre Zeiterfahrung berichten.

Es ist keineswegs sicher, ob wir die Frage nach der Zeitlosigkeit überhaupt beantworten können, denn all unser Denken und unsere Vorstellungen sind zeitabhängig, also ohne Zeit gar nicht möglich. Bereits 1781 erkannte der Philosoph Immanuel Kant, dass Zeit und Raum A-priori-Voraussetzungen für unsere Denkfähigkeit sind.

Viele Reanimierte erklärten, dass sie das Erlebte nicht beschreiben können, da unsere Sprache dafür nicht geeignet scheint. Es ist, als würde man Farben sehen, die es in unserer Welt nicht gibt und für die daher auch keine sprachlichen Darstellungsmöglichkeiten vorhanden sind.

Trotzdem existieren reale physikalische Objekte, bei denen die Zeit keine Rolle spielt, die, mit anderen Worten, zeitlos sind. Es handelt sich um Photonen, die Elementarteilchen des Lichts und der elektromagnetischen Wellen. Wie bereits mehrfach erwähnt, lebt ein Photon ohne Zeit, die Zeit steht still. Da Zeit und Raum voneinander abhängig sind, kann ein Photon auch keinen Raum ausfüllen und ist so ebenfalls masselos.

Unsere Kenntnisse über die Zeitlosigkeit von Photonen übertrug der Physiker Markolf H. Niemz auf mögliche Existenzformen außerhalb von Raum und Zeit, wie sie Nahtoderlebnisse beschreiben. Er beschreibt dies in leicht spekulativer und unterhaltsamer Form in seinem Buch *Lucy mit c. Mit Lichtgeschwindigkeit ins Jenseits*.

Wohl scheinen wir nicht in der Lage zu sein, Systeme ohne Zeit zu beschreiben; wir können jedoch eine Art Negativbeschreibung wagen. Dabei entstehen Aussagen, wie Zeitlosigkeit gerade nicht sein kann. Allerdings müssen wir uns darüber im Klaren sein, dass wir damit einen spekulativen Bereich betreten.

Würden wir in einem System leben, das keine Zeit kennt, könnten wir unser Wissen nicht vervollständigen, denn «Lernen» ist ein zeitabhängiger Vorgang. Möglicherweise würden wir bereits alles wissen. Aber auch «Wissen» ist in diesem Zusammenhang fragwürdig, denn «Wissen» bedeutet ja letztlich «Abspeichern», um das Gespeicherte für spätere Gelegenheiten zur Verfügung zu haben. Das Wörtchen «später» gibt es aber in der Zeitlosigkeit nicht. Also würden wir nicht alles wissen, sondern alles direkt schauen. Wir würden alle Zusammenhänge sehen und verstehen. Es wäre einfach ein «Sein» ohne Veränderung, in der totalen Einheit (Verstehen) mit allem.

Nahtoderlebnisse und Wissenschaft

In regelmäßigen Abständen wird von Wissenschaftlern behauptet, dass Nahtoderlebnisse, kurz NTE genannt, durch chemische Prozesse wie Sauerstoffmangel im Gehirn oder zu hohe Konzentration von Kohlendioxid im Blut verursacht würden. Gehirnforscher erklären oft gewisse Areale im Gehirn zu den Auslösern.

Drei slowenische Forscher untersuchten 52 Patienten, die vorgaben, ein NTE gehabt zu haben. Ihr Ergebnis: Menschen mit höherer Konzentration von Kohlenstoffdioxid im Blut hatten häufiger Nahtoderlebnisse als solche mit niedrigeren Werten. Sollte diese erhöhte Konzentration Nahtoderlebnisse auslösen? Für einen Teil der Presse folgte daraus ganz klar: Nahtoderlebnisse basieren auf banalen chemischen Prozessen. Das *Ärzteblatt* argumentierte vorsichtiger und sprach lediglich von einer Möglichkeit, nicht von einem Nachweis.

Als Gegenargument wird angeführt, dass es viele gut dokumentierte Fälle gibt, bei denen die NTE-Patienten außerhalb ihres Körpers die Reanimationsversuche der Ärzte beobachten und später mit erstaunlicher Präzision alle Verrichtungen schildern konnten. Dies sei mit chemischen NTE-Auslösern kaum zu erklären. Offenbar bleibt vieles unerklärt. Und auch die drei slowenischen Wissenschaftler bemerkten zum Ergebnis ihrer Untersuchung: *«Fraglos treibt die Präsenz von NTE's das gegenwärtige Wissen über das menschliche Bewusstsein und das Geist-Gehirn-Verhältnis an die Grenzen unseres Begreifens.»*

Der bereits erwähnte Kardiologe Pit van Lommel erklärt: *«Es gibt zur Zeit keine allgemein anerkannte wissenschaftliche Erklärung für das, was bei Nahtoderlebnissen geschieht.»*

Grenzen unseres Begreifens erreichen wir nicht nur bei Vorgängen wie Nahtoderlebnissen, sondern auch im Wissenschaftsbereich. Erwin Schrödinger, einer der Begründer der Quantentheorie, schreibt in seinem Buch *Geist und Materie*: *«Die Unbestimmtheitsrelation, das behauptete Fehlen eines streng kausalen Zusammenhangs in der Natur, bedeutet ein teilweises Aufgeben des Prinzips der Verständlichkeit.»*

Literatur

Jim Al-Khalili: Schwarze Löcher, Wurmlöcher und Zeitmaschinen. Heidelberg 2004

Paul Davies: So baut man eine Zeitmaschine. Eine Gebrauchsanweisung. München/Zürich 2001

Albert Einstein: Grundzüge der Relativitätstheorie. Berlin/Heidelberg 2008

Günter Ewald: Nahtoderfahrungen. Hinweise auf ein Leben nach dem Tod. Topos 2007

Brian Greene: Das elegante Universum. Superstrings, verborgene Dimensionen und die Suche nach der Weltformel. Berlin 2002

John Gribbin, Martin Rees: Ein Universum nach Maß. Bedingungen unserer Existenz. Basel 1991

Günther Hasinger: Das Schicksal des Universums. Eine Reise vom Anfang zum Ende. München 2009

Stephen W. Hawking: Eine kurze Geschichte der Zeit. Reinbek 1988

Werner Heisenberg: Der Teil und das Ganze. Gespräche im Umkreis der Atomphysik. München/Zürich 1996

Klaus Kiefer: Quantentheorie. Eine Einführung. Frankfurt 2011

Werner Kinnebrock: Bedeutende Theorien des 20. Jahrhunderts. München 2011 (3. Aufl.)

Werner Kinnebrock: Galaxien, Gene, Geist, Gehirn. Neckenmarkt 2008

Rudolf Kippenhahn: Licht vom Rande der Welt. Das Universum und sein Anfang. Stuttgart 1984

Harald Lesch, Harald Zaun: Die kürzeste Geschichte allen Lebens. Eine Reportage über 13,7 Milliarden Jahre Werden und Vergehen. München, Zürich 2009

Dieter Lüst: Quantenfische. Die Stringtheorie und die Suche nach der Weltformel. München 2011

Manfred Lütz: Gott. Eine kleine Geschichte des Größten. München 2007

Raymond A. Moody: Leben nach dem Tod. Die Erforschung einer unerklärlichen Erfahrung. Reinbek 1977

Markolf H. Niemz: Lucy mit c. Mit Lichtgeschwindigkeit ins Jenseits. München 2006

Markolf H. Niemz: Lucy im Licht. Dem Jenseits auf der Spur. München, 2007

Roger Penrose: Computerdenken. Die Debatte um Künstliche Intelligenz, Bewusstsein und die Gesetze der Physik. Heidelberg 1991

Michael Rowan-Robinson: Das Flüstern des Urknalls. Die verschlüsselten Botschaften vom Anfang des Universums. Heidelberg 1994

Rupert Sheldrake et al.: Denken am Rande des Undenkbaren. Über Ordnung und Chaos, Physik und Metaphysik, Ego und Weltseele. München 1997

Erwin Schrödinger: Geist und Materie. Zürich 1989

Peter Spork: Das Uhrwerk der Natur. Chronobiologie – Leben mit der Zeit. Reinbek 2005

Bildnachweis

Abb. 1: © Bridgeman Art Library
Abb. 2: © vario images
Abb. 3: © NASA